V&R unipress

ZEITGESCHICHTE

Ehrenpräsidentin:
em. Univ.-Prof. Dr. Erika Weinzierl († 2014)

Herausgeber:
Univ.-Prof. DDr. Oliver Rathkolb

Redaktion:
em. Univ.-Prof. Dr. Rudolf Ardelt (Linz), ao. Univ.-Prof.[in] Mag.[a] Dr.[in] Ingrid Bauer (Salzburg/Wien), SSc Mag.[a] Dr.[in] Ingrid Böhler (Innsbruck), Dr.[in] Lucile Dreidemy (Wien), Dr.[in] Linda Erker (Wien), Prof. Dr. Michael Gehler (Hildesheim), ao. Univ.-Prof. i. R. Dr. Robert Hoffmann (Salzburg), ao. Univ.-Prof. Dr. Michael John / Koordination (Linz), Assoz. Prof.[in] Dr.[in] Birgit Kirchmayr (Linz), Dr. Oliver Kühschelm (Wien), Univ.-Prof. Dr. Ernst Langthaler (Linz), Dr.[in] Ina Markova (Wien), Univ.-Prof. Mag. Dr. Wolfgang Mueller (Wien), Univ.-Prof. Dr. Bertrand Perz (Wien), Univ.-Prof. Dr. Dieter Pohl (Klagenfurt), Univ.-Prof.[in] Dr.[in] Margit Reiter (Salzburg), Dr.[in] Lisa Rettl (Wien), Univ.-Prof. Mag. Dr. Dirk Rupnow (Innsbruck), Mag.[a] Adina Seeger (Wien), Ass.-Prof. Mag. Dr. Valentin Sima (Klagenfurt), Prof.[in] Dr.[in] Sybille Steinbacher (Frankfurt am Main), Dr. Christian H. Stifter / Rezensionsteil (Wien), Priv.-Doz.[in] Mag.[a] Dr.[in] Heidemarie Uhl (Wien), Gastprof. (FH) Priv.-Doz. Mag. Dr. Wolfgang Weber, MA, MAS (Vorarlberg), Mag. Dr. Florian Wenninger (Wien), Univ.-Prof.[in] Mag.[a] Dr.[in] Heidrun Zettelbauer (Graz).

Peer-Review Committee (2021–2023):
Ass.-Prof.[in] Mag.[a] Dr.[in] Tina Bahovec (Institut für Geschichte, Universität Klagenfurt), Prof. Dr. Arnd Bauerkämper (Fachbereich Geschichts- und Kulturwissenschaften, Freie Universität Berlin), Günter Bischof, Ph.D. (Center Austria, University of New Orleans), Dr.[in] Regina Fritz (Institut für Zeitgeschichte, Universität Wien/Historisches Institut, Universität Bern), ao. Univ.-Prof.[in] Mag.[a] Dr.[in] Johanna Gehmacher (Institut für Zeitgeschichte, Universität Wien), Univ.-Prof. i. R. Dr. Hanns Haas (Universität Salzburg), Univ.-Prof. i. R. Dr. Ernst Hanisch (Salzburg), Univ.-Prof.[in] Mag.[a] Dr.[in] Gabriella Hauch (Institut für Geschichte, Universität Wien), Univ.-Doz. Dr. Hans Heiss (Institut für Zeitgeschichte, Universität Innsbruck), Robert G. Knight, Ph.D. (Department of Politics, History and International Relations, Loughborough University), Dr.[in] Jill Lewis (University of Wales, Swansea), Prof. Dr. Oto Luthar (Slowenische Akademie der Wissenschaften, Ljubljana), Hon.-Prof. Dr. Wolfgang Neugebauer (Dokumentationsarchiv des Österreichischen Widerstandes, Wien), Mag. Dr. Peter Pirker (Institut für Zeitgeschichte, Universität Innsbruck), Prof. Dr. Markus Reisenleitner (Department of Humanities, York University, Toronto), Assoz. Prof.[in] Dr.[in] Elisabeth Röhrlich (Institut für Geschichte, Universität Wien), ao. Univ.-Prof.[in] Dr.[in] Karin M. Schmidlechner-Lienhart (Institut für Geschichte/Zeitgeschichte, Universität Graz), Univ.-Prof. i. R. Mag. Dr. Friedrich Stadler (Wien), Prof. Dr. Gerald J. Steinacher (University of Nebraska-Lincoln), Assoz.-Prof. DDr. Werner Suppanz (Institut für Geschichte/Zeitgeschichte, Universität Graz), Univ.-Prof. Dr. Philipp Ther, MA (Institut für Osteuropäische Geschichte, Universität Wien), Prof. Dr. Stefan Troebst (Leibniz-Institut für Geschichte und Kultur des östlichen Europa, Universität Leipzig), Prof. Dr. Michael Wildt (Institut für Geschichtswissenschaften, Humboldt-Universität zu Berlin), Dr.[in] Maria Wirth (Institut für Zeitgeschichte, Universität Wien).

zeitgeschichte
50. Jg., Heft 2 (2023)

„Zeitalter der Extreme" oder „Große Beschleunigung"? Umweltgeschichte Österreichs im 20. Jahrhundert

Herausgegeben von
Robert Groß und Ernst Langthaler

V&R unipress

Vienna University Press

Inhalt

Rezensionen

Robert Groß / Ernst Langthaler

Editorial

Zeit- und Umweltgeschichte sind akademische Felder, die bis vor kurzem ohne große Berührungspunkte auskamen. Diese Distanz war einerseits der anfänglichen Institutionalisierung von Umweltgeschichte als interdisziplinäres Kooperationsprojekt abseits geschichtswissenschaftlicher Institute geschuldet. Andererseits erschwerten auch die unterschiedlich gelagerten Forschungsinteressen, theoretisch-methodologischen Ansätze und vor allem zeitlichen Zuschnitte der Forschungsperspektiven die Kooperation. Das stille Nebeneinander von Zeit- und Umweltgeschichte hat sich in den letzten Jahren in Richtung beredten Austauschs bis zu punktueller Kooperation gewandelt. Gesellschaftlich wirkmächtige Umweltfragen – Stichwort: „Klimakrise" – ziehen auch das zeithistorische Erkenntnisinteresse auf sich. Zudem arbeiten an österreichischen Universitäten und außeruniversitären Forschungseinrichtungen immer mehr Historikerinnen und Historiker des 20. Jahrhunderts, die sich (auch) als der Umweltgeschichte zugehörig oder nahe stehend definieren. Als Ausdruck dieser Annäherung enthält eine aktuelle Standortbestimmung der Zeitgeschichte in Österreich Kapitel über das Verhältnis zur Umweltgeschichte[1] sowie zur umwelthistorisch erweiterten Wirtschaftsgeschichte[2].

Das Themenheft *„Zeitalter der Extreme" oder „Große Beschleunigung"? Umweltgeschichte Österreichs im 20. Jahrhundert* resultiert aus einem Panel mit drei Beiträgen (Langthaler, Groß und Schmid), das die Heftherausgeber am 14. Zeitgeschichtetag 2022 in Salzburg organisierten. Es präsentiert eine am – sowohl materiell als auch symbolisch begriffenen – Verhältnis von Gesellschaft und Natur orientierte Lesart Österreichs im 20. Jahrhunderts entlang der Themen der NS-Herrschaft, des Marshall-Plans und des Jahrzehnts ‚nach dem Boom'. Das durch zwei weitere Beiträge (Scharf und Marschik/Pfundner) er-

---

1 Robert Groß, Zeitgeschichte und Umweltgeschichte, in: Markus Gräser/Dirk Rupnow (Hg.), Österreichische Zeitgeschichte – Zeitgeschichte in Österreich. Eine Standortbestimmung in Zeiten des Umbruchs, Wien/Köln 2021, 618–637.

2 Ernst Langthaler, Zeitgeschichte und Wirtschaftsgeschichte, in: Gräser/Rupnow, Zeitgeschichte, 599–617.

gänzte Themenheft hinterfragt altbekannte Positionen, etwa die in das Lehr-
buchwissen eingegangenen „Zäsuren" (1945, 1955, 1970 usw.), und rücken sie in
ein neues Licht.

Der Beitrag von Ernst Langthaler betrachtet Österreichs Wirtschaft im Nationalsozialismus aus einer sozialökologischen Perspektive, die materialistische
und kulturalistische Zugänge verbindet. Er relativiert die Zäsuren des „Rück-
bruchs" 1945 und der „Großen Beschleunigung" um 1950 angesichts der – auch
im Nachkriegsvergleich – beträchtlichen Beschleunigung des Verbrauchs au-
tarkie- und rüstungswirtschaftlicher Schlüsselressourcen bereits in der NS-Zeit.
Die von NS-Regime und Unternehmen betriebene völkisch-produktivistische
Ressourcenmobilisierung stieß auf zwar lauten, letztlich aber nur beschränkt
wirksamen Protest der völkisch-konservationistischen Naturschutzbewegung.

Ausgehend vom Wiederaufbau der zerstörten österreichischen Nationalökonomie, der 1947 durch extrem heißes und trockenes Wetter ins Stocken geriet
und ab 1948 von Geldern aus dem European Recovery Program (ERP) bzw.
Marshall-Plan unterstützt wurde, diskutiert der Beitrag von Robert Groß das
Verhältnis zwischen ERP und der „Großen Beschleunigung" sowie die zeitgenössische Wahrnehmung dieser Transformation durch Naturschützer.

Martin Schmid bilanziert in seinem Beitrag die als Reform- und Aufbruchs-
phase („Ära Kreisky") geltenden 1970er-Jahre aus einer sozialökologischen
Perspektive. In biophysischer Hinsicht erscheint dieses Jahrzehnt als Spätphase
des langen Übergangs Österreichs vom solar-agrarischen zum fossil-industriel-
len Stoffwechselregime, wobei sich Wirtschaftswachstum und Naturverbrauch
verlangsamten. In kultureller Hinsicht relativierte die mobilisierte Umweltbewegung den bis dahin hegemonialen Wachstumsdiskurs, dem das Jahrzehnt als
„Krise" galt, ohne jedoch einen nachhaltigeren Entwicklungspfad anzustoßen.

Der Beitrag von Katharina Scharf stellt das gängige Narrativ von Zwentendorf
und Hainburg als Geburtsstunden der Umweltbewegung in Frage, indem sie
einerseits auf Kontinuitäten und Bruchlinien sowie andererseits auf die Rolle
geschlechterhistorischer Aspekte in den nach wie vor männlich dominierten
Narrativen der österreichischen Umweltbewegung fokussiert.

Matthias Marschik und Michaela Pfundner beleuchten in ihrem fotografie-
historischen Essay eine Ikone der österreichischen Petro-Moderne: die Tankstelle. In den Fotografien Lothar Rübelts lässt sich der Übergang von einer
‚heißen', den Gegensatz von Stadt und Land zuspitzenden Moderne in den
1930er-Jahren zur einer ‚abgekühlten', im Klassenkompromiss der Sozialen
Marktwirtschaft aufgehobenen Moderne in den 1950er-Jahren erkennen. Auf
diese Weise verdeutlicht dieser Beitrag das kulturhistorische Potenzial einer
Umweltgeschichte fossilenergetischer Infrastrukturen.

Artikel

Ernst Langthaler

Unterbrochene Beschleunigung. Österreichs Wirtschaft im Nationalsozialismus aus sozialökologischer Perspektive

1.   Einleitung

Die historische Forschung zum 20. Jahrhundert, die internationale wie die österreichische, hat die sozialökologische Dimension des Nationalsozialismus bisher noch nicht hinreichend erfasst.[1] Das liegt an blinden Flecken der als „Umweltgeschichte" – aus einer ‚mehr-als-menschlichen' Perspektive sollte es „Mitweltgeschichte" heißen – auftretenden historisch-sozialökologischen Forschung, die kulturalistische und materialistische Zugänge umfasst.[2] Eher kulturalistische Zugänge zur Umweltgeschichte konzentrieren sich auf die Nazifizierung der Naturschutzbewegung und die Ansätze ökologischen Denkens im Nationalsozialismus. Ein Beispiel dafür ist der wegweisende Sammelband *How Green Were the Nazis?*, der das Reichsnaturschutzgesetz von 1935 als Katalysator umweltschützerischer Aktivitäten im Deutschen Reich hervorhebt.[3] Eher materialistische Zugänge folgen der Beschleunigung einer Vielzahl sozioökonomischer Trends (Wirtschaftswachstum, Primärenergieverbrauch, Mineraldüngereinsatz usw.) und erdsystemischer Trends (Kohlendioxidemission, Oberflächenerwärmung, Meeresfischfang usw.) ab etwa 1950 – nach dem Zeitalter der Weltkriege und Weltwirtschaftskrise, das den Globalisierungsschub ab etwa 1870

1 Der Autor dankt den anonymen Gutachterinnen oder Gutachtern sowie dem Heftmitherausgeber Robert Groß für wichtige Hinweise.
2 Patrick Kupper, Umweltgeschichte, Göttingen 2021, 22f.; Robert Groß, Zeitgeschichte und Umweltgeschichte, in: Marcus Gräser/Dirk Rupnow (Hg.), Österreichische Zeitgeschichte – Zeitgeschichte in Österreich. Eine Standortbestimmung in Zeiten des Umbruchs, Wien/Köln 2021, 618–637.
3 Franz-Josef Brüggemeier/Mark Cioc/Thomas Zeller (Hg.), How Green Were the Nazis? Nature, Environment, and Nation in the Third Reich, Athens 2005; Charles E. Closmann, Environment, in: Shelley Baranowski/Armin Nolzen/Claus-Christian W. Szejnmann (Hg.), A Companion to Nazi Germany, Hoboken/Chichester 2018, 413–428.

unterbrochen hatte.[4] In diesem Sinn interpretieren John McNeill und Peter Engelke in ihrer Monographie *Great Acceleration* die Mitte des 20. Jahrhunderts als Beginn des Anthropozäns – jenes Erdzeitalters, in dem anthropogene Eingriffe die Entwicklung des „Systems Erde" fundamental und irreversibel beeinflussten.[5] Bereits zuvor diagnostizierte Christian Pfister für die europäischen Industriegesellschaften ein „1950er Syndrom", im Zuge dessen billige Energie auf Erdöl- und Erdgasbasis einen als „Wirtschaftswunder" verklärten Produktions- und Konsumschub befeuerte.[6] Kulturalistische und materialistische Zugänge zur Umweltgeschichte des 20. Jahrhunderts verfehlen die sozialökologische Dimension des Nationalsozialismus – die einen wegen der Fixierung auf politisch-ideologische Aspekte (unter Vernachlässigung materieller Aspekte), die anderen wegen der Fixierung auf die Nachkriegszeit (unter Vernachlässigung der NS-Zeit). Ausnahmen wie Ortrun Veichtlbauers umwelthistorische Miniatur über die *Braune Donau* bestätigen die Regel.[7]

Nicht nur die noch junge Umweltgeschichte, sondern auch die schon älteren Nachbardisziplinen der Wirtschafts- und Sozialgeschichte sowie der Zeitgeschichte zeigen hinsichtlich der sozialökologischen Dimension des Nationalsozialismus blinde Flecken.[8] Frühe Forschungen betonten zwar die wirtschaftlichen Motive der Eingliederung Österreichs, reduzierten die Interaktionen von Gesellschaft und Natur jedoch auf die Mobilisierung von Produktionsfaktoren mittels Rohstoffausbeutung, Infrastrukturausbau und Erzeugungsoffensive. Richtungsweisend waren neben Felix Butscheks Volkswirtschaftlicher Gesamtrechnung für die NS-Zeit[9] die Arbeiten Norbert Schausbergers, der die wirtschaftlichen Motive des imperialistisch-militaristisch getriebenen „Anschlusses" Österreichs sowie die Rolle der Ostmark als Standort der deutschen Rüstungsindustrie herausstrich.[10] Die Behauptung der „koloniale[n]"[11] oder „halbkolo-

---

4 Will Steffen et al., The Anthropocene: conceptual and historical perspectives, in: Philosophical Transactions of the Royal Society A 369 (2011) 1938, 842–867; Will Steffen u.a., The trajectory of the Anthropocene. The great acceleration, in: The Anthropocene Review 2 (2015) 1, 81–98.
5 John R. McNeill/Peter Engelke, The Great Acceleration. An Environmental History of the Anthropocene since 1945, Cambridge/London 2014.
6 Christian Pfister, Das 1950er Syndrom. Die Epochenschwelle der Mensch-Umwelt-Beziehung zwischen Industriegesellschaft und Konsumgesellschaft, in: GAIA 3 (1994) 2, 71–90.
7 Ortrun Veichtlbauer, Braune Donau: Transportweg nationalsozialistischer Biopolitik, in: Christian Reder/Erich Klein (Hg.): Graue Donau – Schwarzes Meer, Wien/New York 2008, 226–245.
8 Ernst Langthaler, Zeitgeschichte und Wirtschaftsgeschichte, in: Gräser/Rupnow (Hg.), Zeitgeschichte, 599–617.
9 Felix Butschek, Die österreichische Wirtschaft 1938 bis 1945, Stuttgart 1978.
10 Norbert Schausberger, Rüstung in Österreich 1938–1945. Eine Studie über die Wechselwirkung von Wirtschaft, Politik und Kriegsführung, Wien 1970; Ders., Der Griff nach Österreich. Der Anschluß, Wien 1978.

nialen Stellung der Ostmark"[12] als Rohstoff-, Arbeitskraft- und Finanzquelle des Deutschen Reiches wurde im Rahmen der zählebigen, die Lagerdifferenzen überbrückenden „Opferthese" breit rezipiert. Zwar relativierten spätere Arbeiten einer von der „Koalitionsgeschichtsschreibung" emanzipierten Historikergeneration diese überspitzte Position, etwa durch den Nachweis des Masseneinsatzes ausländischer Zwangsarbeitskräfte als Triebkraft des österreichischen Industrialisierungsschubs.[13] Doch der ökonomistische Reduktionismus des historischen Blicks auf das Verhältnis von Gesellschaft und Natur im Nationalsozialismus blieb ungebrochen. Auch zu dieser Regel gibt es Ausnahmen – etwa Ernst Hanischs erfahrungsgeschichtlichen Versuch *Landschaft und Identität*, der auch nationalsozialistische Landschaftsbilder und -eingriffe thematisiert.[14]

Dieser Artikel folgt einer sozialökologischen Perspektive auf Österreichs Wirtschaft im Nationalsozialismus, die materialistische und kulturalistische Zugänge kombiniert – und derart die jeweiligen Beschränkungen zu überwinden sucht. Der materialistische Zugang folgt dem sozialökologischen Modell des „gesellschaftlichen Stoffwechsels" (Sozialmetabolismus), der durch Arbeit und Technik bewirkten sowie durch Institutionenarrangements („Regime") geregelten Material- und Energieflüsse zwischen Gesellschaft und Natur.[15] In meiner Adaption steht die Wirtschaft als Sammelbegriff für produzierende Unternehmen und konsumierende Haushalte im Schnittbereich von Gesellschaft und Natur, wo sie einerseits mit dem Staat, einschließlich des Partei- und Militärapparats, und der mehr oder weniger durchstaatlichten Zivilgesellschaft sowie andererseits mit natürlichen Ressourcen des Ökosystems und von dessen Teilbereichen (Biosphäre, Lithosphäre, Hydrosphäre usw.) interagiert. Dem kulturalistischen Zugang folgend unterhält die Gesellschaft zur Natur nicht nur materielle, sondern auch institutionelle Beziehungen, vor allem über den Staat, der die gesellschaftliche Naturnutzung regelt, und über die Zivilgesellschaft, deren Gruppen sich die Natur interessen- und wertegeleitet aneignen (Abb. 1).

---

11 Karl Bachinger/Hildegard Hemetsberger-Koller, Österreich von 1918 bis zur Gegenwart, in: Wolfram Fischer (Hg.), Handbuch der Europäischen Wirtschafts- und Sozialgeschichte, Bd. 6: Europäische Wirtschafts- und Sozialgeschichte vom Ersten Weltkrieg bis zur Gegenwart, Stuttgart 1987, 513–597, hier 562.
12 Schausberger, Rüstung, 31.
13 Florian Freund/Bertrand Perz, Industrialisierung durch Zwangsarbeit, in: Emmerich Tálos/Ernst Hanisch/Wolfgang Neugebauer (Hg.), NS-Herrschaft in Österreich 1938–1945, Wien 1988, 95–114.
14 Ernst Hanisch, Landschaft und Identität. Versuch einer österreichischen Erfahrungsgeschichte, Wien/Köln/Weimar 2019.
15 Fridolin Krausmann, Vom Kreislauf zum Durchfluss. Österreichs Agrarmodernisierung als sozialökologischer Transformationsprozess, in: Andreas Dix/Ernst Langthaler (Hg.), Grüne Revolutionen. Agrarsysteme und Umwelt im 19. und 20. Jahrhundert (Jahrbuch für Geschichte des ländlichen Raumes 3), Innsbruck/Bozen/Wien 2006, 17–45; Kupper, Umweltgeschichte, 15–28.

Eine Illustration der Verschränkung von Gesellschaft und Natur bietet Herbert Boeckls Gemälde *Erzberg* von 1942, das einen sozialökologischen Schauplatz ersten Ranges in der Ostmark porträtiert: einerseits das natürliche Erzvorkommen in Gestalt eines feurig leuchtenden Felsmassivs, andererseits die menschengemachten Einschnitte durch den – nach dem Eigentumstransfer an die Reichswerke Hermann Göring beschleunigten – Tagebau von Roherz für die Rüstungsindustrie.[16]

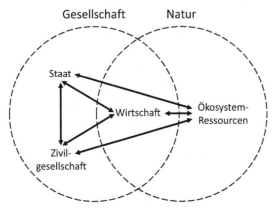

Abb. 1: Sozialökologisches Interaktionsmodell von Gesellschaft und Natur. Quelle: Entwurf des Autors.

Der Artikel fragt nach den Interaktionen von Gesellschaft und Natur im Zuge der Eingliederung Österreichs in die nationalsozialistische Autarkie- und Rüstungswirtschaft sowie nach deren Stellenwert für die sozialökologische Transformation zur Mitte des 20. Jahrhunderts. Der folgende Abschnitt behandelt den „Wirtschaftsaufbau" in der Ostmark anhand der autarkie- und rüstungswirtschaftlichen Schlüsselressourcen Mineraldünger, Erdöl, Aluminium und Zellwolle. Dabei werden Material- und Energieflüsse nicht als monetäre, sondern als biophysische Größen erfasst. Der nächste Abschnitt thematisiert konservationistische Bewegungen und daraus folgende Konflikte um die produktivistische Mobilisierung von Ressourcen. Dabei erscheint Natur als zugleich gegeben und gemacht – nicht nur als ausbeutbare Ressource, sondern auch als gesellschaftliches Konstrukt. Der letzte Abschnitt diskutiert den Stellenwert des Nationalsozialismus in der sozialökologischen Transformation Österreichs zwischen Weltwirtschaftskrise und Nachkriegsboom. Er interpretiert die NS-Ära als sozialökologische Wendezeit – als durch den wirtschaftlichen Schock des politischen Regimewechsels 1945 *unterbrochene Beschleunigung* einer staats- und

---

16 Herbert Boeckl, Erzberg, 1942, Öl auf Leinwand, Neue Galerie Graz, https://www.herbertbo eckl.at/de/kunstwerke/HerbertBoeckl/3873-boeckl_rgb (abgerufen 26. 10. 2022).

unternehmensgetriebenen Ressourcenmobilisierung, die sich unter veränderten politisch-ökonomischen Koordinaten in der Nachkriegszeit fortsetzte.

2. Produktivistische Ressourcenmobilisierung

2.1. Wirtschaftsaufbau im Dienst der „Volksgemeinschaft"

Bereits Monate vor dem „Anschluss" rückte das Ressourcenpotenzial Österreichs in das Blickfeld der Planungen der deutschen Autarkie- und Rüstungswirtschaft – nicht nur von außen, sondern auch von innen. So formierte sich bereits zur Jahreswende 1936/37 auf der Montanistikhochschule Leoben eine Forschungsgruppe aus illegalen Nationalsozialisten, die eine auf den Tag des Einmarsches der Deutschen Wehrmacht in Österreich datierte Karte der österreichischen Erzlagerstätten erarbeitete.[17] Gleich nach dem „Anschluss" lief die Mobilisierung der autarkie- und rüstungswirtschaftlich relevanten Ressourcen der Ostmark an. Diese Aktivitäten waren Gegenstand ausgiebiger Berichterstattungen in Populär- und Fachmedien. So skizzierte *Der Österreichische Volkswirt* den „Weg zum Wiederaufbau der österreichischen Landwirtschaft" und bot eine Bestandsaufnahme der zu hebenden „mineralischen Bodenschätze Deutschösterreichs".[18] Die als „Geheime Reichssache" deklarierte „Erste Ermittlung zur Aufstellung eines Vierjahresplanes für das Land Österreich" der Reichsstelle für Wirtschaftsausbau im Reichswirtschaftsministerium vom März 1938 listete eine Reihe vordringlicher Maßnahmen auf: Errichtung von Wasserkraftwerken für die auszubauende Chemie- und Leichtmetallindustrie; Steigerung der Braunkohleförderung zur synthetischen Benzinerzeugung; Steigerung der Eisenerzförderung und Ausbau der Transport- und Hochofenkapazitäten; Forcierung des Bergbaues mit Schwerpunkt auf Kupfer, Blei, Zink, Arsen, Antimon, Magnesit, Talk und Graphit; Ausbau der Aluminiumproduktion und Errichtung der dafür nötigen Tonerdefabrik; Bau eines Stickstoffwerkes; Bau einer Zellwollefabrik zur Versorgung der österreichischen Textilindustrie; Ausbau des Straßen- und Eisenbahnnetzes.[19] Das „Aufbauprogramm für Österreich", das Hermann Göring noch im März 1938 öffentlich verkündete, enthielt weitere Maßnahmen: Steigerung der Erdölförderung im Wiener Becken; bessere Nutzung der Holzbestände; beschleunigter Bau des Rhein-Main-Donau-Kanals und des Wiener Donaugroßhafens; landwirtschaftliche Leistungssteigerung durch wasserbauliche Maß-

---

17 Peter Danner, Görings Geologen in der Ostmark. „Bodenforschung" in Österreich für den Vierjahresplan von 1936 bis 1939 – eine Archivstudie (Berichte der Geologischen Bundesanstalt 109), Wien 2015, 9–21.
18 Der österreichische Volkswirt, 26.3.1938, 497–498.
19 Schausberger, Rüstung, 34.

nahmen zur Landgewinnung, Ertragszuwächse mittels verbilligtem „Kunstdünger" sowie Kredite für den Ausbau der Wohn- und Wirtschaftsgebäude –
durchwegs Maßnahmen, die durch den Sparkurs der österreichischen Regierungen in der Weltwirtschaftskrise verschärfte Probleme zu lösen versprachen.[20]
Die Charakterisierung der Ostmark als Ressourcenkolonie des Deutschen
Reiches und von dessen Großkonzernen in der Literatur greift zu kurz. Geheime
Planungen wie öffentliche Äußerungen belegen, dass die Ressourcenmobilisierung nicht nur dem Füllen von Lücken in der reichsweiten Autarkie- und Rüstungswirtschaft, sondern auch Produktivitäts- und Produktionssteigerungen des
regionalen Agrar- und Industriesektors diente: Linzer Stickstoffdünger für die
österreichische Landwirtschaft, steirisches Eisenerz für die Hütte Linz, Strom
vom Inn für das Aluminiumwerk Ranshofen, Lenzinger Zellwolle für die österreichische Textilindustrie, niederösterreichisches Erdöl für die Wiener Raffinerien. Dass diese Aktivitäten im Rahmen der deutschen Autarkie- und Rüstungswirtschaft im europäischen „Großraum" geplant und teilweise realisiert
– sowie durch die alliierten Bombenangriffe und Demontagen zum Teil wieder
zerstört – wurden, steht in keinem Widerspruch zu ihren transformierenden
(„modernisierenden") Effekten auf die österreichische Wirtschaft.[21] Der „Wirtschaftsaufbau" diente der nachholenden Entwicklung der Ostmark als einer
privilegierten Region im – nach nationalistischen und rassistischen Maßstäben –
hierarchisch geordneten europäischen „Großraum" unter nationalsozialistischer
Führung. Er folgte der Logik des *völkischen Produktivismus*, der staats- und
privatwirtschaftlichen Leistungssteigerung im Dienst der „Volksgemeinschaft".[22]
Dieses auch sozialökologisch folgenreiche Entwicklungsprojekt umfasste verschiedene Wirtschaftszweige, wobei die Landwirtschaft sowie die Montan-,
Metall- und Chemieindustrie Schwerpunkte bildeten.

2.2.   Landwirtschaft – am Beispiel Mineraldünger

Die Landwirtschaft hatte im Rahmen der deutschen Autarkie- und Rüstungswirtschaft die Aufgabe, zur Schließung der „Eiweiß- und Fettlücke" die Produktivität des Bodens, aber auch der Arbeit durch Kapitalintensivierung zu
steigern – so auch in der Ostmark. Demgegenüber wirtschafteten die meisten

20 Ebd., 186f.
21 Fritz Weber, Die Spuren der NS-Zeit in der österreichischen Wirtschaftsentwicklung, in:
   Österreichische Zeitschrift für Geschichtswissenschaften 3 (1992) 2, 135–165.
22 Ernst Langthaler, Völkischer Produktivismus. Nationalsozialismus und Agrarmodernisierung im Reichsgau Niederdonau 1938–1945, in: Zeitgeschichte 45 (2018) 3, 293–318; Ders.,
   Die Wirtschaft der Ostmark, in: Marcel Boldorf/Jonas Scherner (Hg.), Handbuch Wirtschaft
   im Nationalsozialismus, Berlin 2023, 669–691.

Bauernbetriebe wegen geringer Lohn- und hoher Maschinen- und Betriebsmittelkosten sowie wachsender Verschuldung in den Rand- und Gebirgslagen während der Weltwirtschaftskrise vergleichsweise kapitalextensiv. Experten des Reichsnährstandes klagten vor allem über die geringe Anwendung von „Kunstdünger" auf den Äckern und Wiesen. Folglich zielte die Agrarförderung in der Ostmark, vor allem die breit angelegte Entschuldungs- und Aufbauaktion sowie der „Gemeinschaftsaufbau" in ausgewählten Berglandgemeinden, auf die Erhöhung des Mineraldüngereinsatzes. Neben den staatlichen Förderungen trieben 1938/39 auch die Marktverhältnisse die Technisierung im Allgemeinen und die Chemisierung im Besonderen voran: Einerseits stiegen die Landarbeiterlöhne wegen der nach dem „Anschluss" einsetzenden „Landflucht"; andererseits sanken die Mineraldüngerpreise wegen des Wegfalls der Einfuhrzölle und des Aufbaus einer eigenen Produktionsstätte in der Ostmark.[23] Am Standort der Hütte Linz der Reichswerke Hermann Göring gründete die IG Farbenindustrie als Mehrheitseigentümerin 1939 die Stickstoffwerke Ostmark. Unternehmenszweck war die Erzeugung von Stickstoffprodukten aus den Kokereiabgasen des Hüttenbetriebs. Nach Bauverzögerungen wegen Material- und Arbeitskräftemangels sowie Hochwassers wurde 1943 die erste Ausbaustufe vollendet. Der Ausstoß wuchs von 62.000 Tonnen Kalkammonsalpeter als Düngemittel und 52.000 Tonnen Salpetersäure zur Sprengstofferzeugung 1943 auf 66.000 Tonnen Kalkammonsalpeter und 86.000 Tonnen Salpetersäure 1944. Mitte 1944 vollzog die Betriebsleitung eine weitgehende Umstellung von der Düngemittel- zur Sprengstoffproduktion. Die Belegschaft vergrößerte sich in diesem Zeitraum von 1.751 auf 1.954 Beschäftigte, wobei der Ausländeranteil – überwiegend zivile und kriegsgefangene Zwangsarbeitskräfte – mehr als zwei Drittel betrug. Ende 1944 und Anfang 1945 verzeichnete das Werk mehrere hundert Bombentreffer, die etwa ein Fünftel des Anlagenwerts zerstörten, ohne jedoch die Produktion zum Erliegen zu bringen.[24]

Die Staats- und Marktimpulse veranlassten die bäuerlichen „Betriebsführer" zum vermehrten Mineraldüngereinsatz, was die Chemisierung des Nährstoffhaushalts der Böden vorantrieb. Gemessen am Stand von 1937 kletterte der Geldwert des Handelsdüngerabsatzes bis 1941 auf fast das Dreifache und sta-

---

23 Ernst Langthaler, Schlachtfelder. Alltägliches Wirtschaften in der nationalsozialistischen Agrargesellschaft 1938–1945 (Sozial- und wirtschaftshistorische Studien, Bd. 38), Wien/Köln/Weimar 2016, 375–385.

24 Franz Wurm, Von der Stickstoffwerke Ostmark A.G. 1939 bis zur Agrolinz Melamin GmbH 1995. Die wirtschaftliche Entwicklung der Chemie Linz A.G. (vormals Österreichische Stickstoffwerke) und ihrer Vorgänger- und Nachfolgegesellschaften unter besonderer Beachtung des Zeitraumes von 1980 bis 1995, Dissertation an der Johannes Kepler Universität Linz 1996, 9–12; Josef Moser, Oberösterreichs Wirtschaft 1938 bis 1945 (Studien zur Wirtschaftsgeschichte und Wirtschaftspolitik, Bd. 2). Wien/Köln/Weimar 1995, 327.

gnierte bis Kriegsende auf hohem Niveau (Tab. 1). In der naturräumlich be-
nachteiligten Region Litschau in Niederdonau verfünffachte sich der Handels-
düngerumsatz 1936 bis 1942 sogar.[25] Der Mineraldüngerboom speiste sich zunächst aus Zufuhren aus dem Altreich, weil die Linzer Stickstoffwerke erst 1943/
44 substanzielle Mengen lieferten. Mengenmäßig zeigen sich deutliche Ver-
schiebungen zwischen den Düngerarten: Die Stickstoffdüngermengen stiegen bis
1941 auf mehr als das Vierfache, sanken aber bis Kriegsende auf das Doppelte ab;
die Phosphordüngermengen verdoppelten sich bis 1940, brachen aber bis
Kriegsende auf die Hälfte ein; die Kalidüngermengen legten bis Kriegsende auf
fast das Fünfeinhalbfache zu, jedoch mit nachteiligen Folgen: „Eine wirtschaftlich befriedigende Leistung der Handelsdünger ist aber nur dann zu erwarten,
wenn alle Nährstoffe zueinander in einem für die Pflanzenernährung harmonischen Verhältnis stehen, was aber bei der Düngerwirtschaft der Kriegsjahre nicht
der Fall war",[26] so eine Expertenmeinung aus der Nachkriegszeit. Um die
kriegsbedingte Verknappung der Stickstoff- und Phosphordüngermengen aus-
zugleichen, propagierte der Reichsnährstand den vermehrten Einsatz von Dün-
gekalk. Durch die Mobilisierung der Restnährstoffe, das „Ausmergeln" der Böden, sollte der Wirkungsgrad der Stickstoff-, Phosphor- und Kalidüngergaben
gesteigert werden.[27] Dabei lagen die eingesetzten Mengen weit unter dem
Reichsdurchschnitt, näherten sich diesem aber langsam an, so etwa in Niederdonau (1939/40: 6 Prozent, 1942/43: 26 Prozent). Nicht weniger als 83 Prozent der
Böden in den Alpen- und Donaugauen galten als kalkbedürftig.[28] Um der Verknappung zu begegnen, sollten der verfügbare Mineraldünger mittels Boden-
untersuchungen präziser ausgebracht werden.[29] Zudem war die Agrarpresse
eifrig bemüht, bäuerliche Bedenken gegen die Beeinträchtigung der Boden-
fruchtbarkeit durch den „Kunstdünger" zu zerstreuen: *„Pflanzenwachstum ohne
Humus geht also, Pflanzenwachstum ohne mineralische Nährstoffe geht aber
nicht"* [Hervorhebung im Original]. In griffigen Gleichsetzungen der Acker- mit
der Viehwirtschaft stand der von organischem Dünger abhängige Humus für den
Stall, der Mineraldünger für das Viehfutter. Diese Botschaften signalisierten
einen radikalen Schwenk vom organisch-agrarischen zum mineralisch-indu-
striellen Nährstoffmanagement.[30]

---

25 Kurt Tomasi, Die pflanzenbaulichen Verhältnisse im Bezirk Litschau. Ein Einblick in die
   schwierigen Wirtschaftsbedingungen des oberen Waldviertels, Dissertation an der Hoch-
   schule für Bodenkultur Wien o. J. (vermutlich 1944), Anhang.
26 Karl Schober, Ein Beitrag zur Kenntnis der Düngerwirtschaft in Niederösterreich, in: Die
   Bodenkultur 1 (1947), 131–156, hier 147.
27 Wochenblatt der Landesbauernschaft Niederdonau 29/1943, 401.
28 Wochenblatt der Landesbauernschaft Niederdonau 52/1943, 673.
29 Karl Schober, Die Bodenuntersuchung als Grundlage für den Düngungsplan, in: Wiener
   Landwirtschaftliche Zeitung 21/1942, 140–142.
30 Wochenblatt der Landesbauernschaft Donauland 12/1942, 229.

Tab. 1: Mineraldüngerabsatz auf dem Gebiet Österreichs 1937–1944

Jahr	Stickstoff	Phosphor	Kali	Stickstoff	Phosphor	Kali	Mengenindex*
	(1.000 Tonnen Reinnährstoff)			(Index 1937=100)			
1937	6,7	14,0	8,6	100	100	100	100
1938	10,9	19,1	10,7	162	137	124	146
1939	21,0	22,5	26,8	313	161	310	248
1940	25,4	21,5	30,7	379	154	356	279
1941	28,2	11,5	41,8	420	82	484	286
1942	24,0	11,3	46,6	358	81	540	268
1943	19,4	11,5	64,5	290	82	748	272
1944	15,0	8,1	84,2	224	58	976	270

Legende: * mit den Preisen von 1937 wertgewogener Mengenindex. Anmerkung: Die Zahlen geben den Düngemittelabsatz in Österreich wieder, wie er sich aufgrund von Auslieferungen aus Inlandsproduktion und Importen ergibt. Der tatsächliche Verbrauch in den Kalenderjahren kann daher etwas abweichen. Quelle: Österreichisches Institut für Wirtschaftsforschung (Hg.), Ertragssteigerung der österreichischen Landwirtschaft durch intensivere Verwendung von Handelsdünger (Monatsberichte des Österreichischen Instituts für Wirtschaftsforschung, Beilage 12), Wien 1950, 4; Handelsdüngerverbrauch und Hektarerträge in Österreich, in: Monatsberichte des Österreichischen Instituts für Wirtschaftsforschung 35 (1962) 1, 15–33, hier 26 (abweichende Angaben).

2.3. Montanindustrie – am Beispiel Erdöl

In der deutschen Autarkie- und Rüstungswirtschaft galt Erdöl als schwierig zu ersetzende Schlüsselressource für die hochmotorisierte Armee. Folglich richtete sich die planerische Aufmerksamkeit auf österreichische Lagerstätten in den erdölführenden Gesteinsschichten, vor allem in den niederösterreichischen Beckenlandschaften rund um Wien. Die österreichische Erdölförderung begann im nennenswerten Umfang 1934 mit 4.179 Tonnen und wuchs bis 1937 auf 32.899 Tonnen, wobei zahlreiche Vorkommen noch nicht erschlossen oder erkundet waren. Die österreichische Regierung hatte in den 1920er-Jahren versucht, mittels unternehmensfreundlicher Regelungen Investitionen ausländischer Erdölfirmen anzuziehen. So hielten zur Jahreswende 1937/38 britische und US-amerikanische Unternehmen 51 Prozent, deutsche Unternehmen 4 Prozent und österreichische Unternehmen 7 Prozent der Schürfrechte; die restlichen 38 Prozent verteilten sich auf kleine Schürfgebiete. Um die Erdölförderung den autarkie- und rüstungswirtschaftlichen Zielen unterzuordnen, übernahm das Deutsche Reich mit dem Bitumengesetz von 1938 die „Aufsuchung von Bitumen in festem, flüssigem und gasförmigem Zustande". Das Gesetz ließ Privatfirmen, die in der Ostmark Schürfrechte besaßen, zwei Möglichkeiten: entweder die Erschließungsaktivitäten zu verstärken, um bis Mitte 1940 mit der Erdölförderung zu beginnen, oder die Schürfrechte zu verlieren. Die Konzession für Niederdonau, wo die meisten erloschenen Schürfrechte ausländischer Firmen lagen, ging 1941 an deutsche Firmen. Fünf deutsche Firmen gründeten 1942 die Erdölgesellschaft Niederdonau, die über ein Gesellschaftskapital von einer Million Reichsmark verfügte. Dennoch waren westliche Erdölfirmen weiterhin in der Ostmark tätig und kooperierten mit deutschen Unternehmen, vor allem in Verarbeitung und Vertrieb von Erdölprodukten.[31]

Die staatliche Umverteilung der privaten Besitzrechte über die Erdölvorkommen im Interesse der Autarkie- und Rüstungswirtschaft setzte einen Aufschließungs- und Förderboom in Gang. Im niederösterreichischen Weinviertel, das als „zweites Pennsylvanien" galt, erschlossen die Erdölfirmen neun neue Felder: St. Ulrich-Hauskirchen, Gaiselberg (jeweils 1938), Van Sickle (1939/40), Plattwald, Maustrenk (jeweils 1940), Kreuzfeld-Pionier (1940/41), Hohenruppersdorf (1941), Mühlberg (1942) und Scharfeneck (1944).[32] Das größte Erdölfeld auf österreichischem Gebiet bei Matzen wurde zwar 1938/39 von der amerikanisch-britischen Rohöl-Gewinnungs AG (RAG) erkundet. Die geplante Tiefbohrung scheiterte jedoch an einem Einstellungsbefehl nach Kriegsbeginn und erfolgte erst 1949 unter der Sowjetischen Mineralölverwaltung (SMV).[33] Dennoch schossen die – auch durch Raubbau gewonnenen – Fördermengen von 56.668 Tonnen 1938 auf 1.212.840 Tonnen 1944 in die Höhe. Zugleich verminderte sich der für eine Tonne im Durchschnitt nötige Bohraufwand von 47 auf 19 Zentimeter – eine erhebliche Effizienzsteigerung. Auf diese Weise vermehrte die Ostmark ihren Anteil an der Gesamtförderung im Reichsgebiet von 9 Prozent 1938 auf 63 Prozent 1944 (Tab. 2). Zur Verarbeitung des Weinviertler Erdöls wurden das in Wien und Umgebung angesiedelte Raffinerienetz erweitert. Zu den bestehenden fünf Großanlagen kamen 1939 die Raffinerie Lobau, versehen mit einer Ölleitung aus dem Weinviertel, einem Tanklager und einem Ölhafen, sowie 1943 die Raffinerie Moosbierbaum in Nachbarschaft des dortigen Flugbenzin-Hydrierwerks. Die Fliegerangriffe in den letzten Kriegsjahren betrafen weniger die Förderanlagen als die Raffinerien, die allesamt schwere Bombenschäden verzeichneten.[34]

---

31 Bitumengesetz vom 31.8.1938, in: Gesetzblatt für das Land Österreich (1938) 106. Stück, Nr. 375; Walter Iber, Die sowjetische Mineralölverwaltung in Österreich. Zur Vorgeschichte der OMV 1945–1955 (Veröffentlichungen des Ludwig-Boltzmann-Instituts für Kriegsfolgen-Forschung 15), Innsbruck 2011, 33–45.

32 Österreichisches Institut für Wirtschaftsforschung (Hg.), Die Österreichische Erdölwirtschaft (10. Sonderheft), Wien 1957, 8–11.

33 Dieter Sommer, Zur Geschichte des Kohlenwasserstoffbergbaues in Österreich, in: Friedrich Brix/Ortwin Schultz (Hg.), Erdöl und Erdgas in Österreich, Wien 1993, 387–395, hier 393.

34 Iber, Mineralölverwaltung, 41–47; Österreichisches Institut für Wirtschaftsforschung (Hg.), Erdölwirtschaft, 29–32.

Tab. 2: Erdölförderung in der Ostmark 1938–1944

Jahr	Förderung (Tonnen)	Bohrleistung (Meter)	Bohrzentimeter pro Tonne	Reichsanteil
1938	56.668	26.577	46,9	9 %
1939	144.654	44.684	30,9	16 %
1940	413.012	107.240	26,0	28 %
1941	625.467	110.324	17,6	41 %
1942	870.584	133.773	15,4	54 %
1943	1.103.577	250.824	22,7	61 %
1944	1.212.840	235.852	19,4	63 %

Quelle: Österreichisches Institut für Wirtschaftsforschung (Hg.), Erdölwirtschaft, 9, 15; Länderrat des Amerikanischen Besatzungsgebiets (Hg.), Statistisches Handbuch von Deutschland 1928–1944, München 1949, 280.

2.4. Metallindustrie – am Beispiel Aluminium

In der autarkie- und rüstungswirtschaftlichen Planung des Deutschen Reiches genoss Aluminium als „deutsches Metall" in mehrfacher Hinsicht höchste Priorität: Als Nichteisenmetall ersetzte es andere Mangelmetalle, als Leichtmetall revolutionierte es den Flugzeugbau, und als guter elektrischer Leiter kam es anstatt des teureren Kupfers beim Stromleitungsbau zum Einsatz.[35] Dementsprechend erteilte Göring den Vereinigten Aluminiumwerken Berlin (VAW) den Auftrag, in der Ostmark eine Aluminiumhütte zu errichten. Die Wahl von Ranshofen, einem Stadtteil von Braunau, im oberösterreichischen Innviertel als Standort entsprach der Optimierung der betrieblichen Material- und Energieflüsse. Vorrangig war die Deckung des hohen Strombedarfs für das Elektrolyseverfahren von etwa 22.000 Kilowattstunden pro Tonne Reinaluminium. Als Lieferanten boten sich die fünf am unteren Inn geplanten Flusskraftwerke an, von denen zwei – Ering-Frauenstein (Bauzeit: 1939–1942, Ausbauleistung: 73 Megawatt) und Egglfing-Obernberg (Bauzeit: 1941–1944, Ausbauleistung: 84 Megawatt) – noch vor Kriegsende in Betrieb gingen. Mitentscheidend für den Standort war die Verfügbarkeit von Tonerde (Aluminiumoxid) als Ausgangsmaterial, von dem etwa die doppelte Menge des produzierten Reinaluminiums benötigt wurde. Zwar waren Tonerde und ihr Ausgangsstoff Bauxit im Reichsgebiet nur beschränkt verfügbar, doch die wesentlichen Herkunftsländer Ungarn, Jugoslawien und Frankreich wurden vor und während des Krieges in die

---

35 Helmut Maier, Unbequeme Newcomer? Legierungen der Nichteisenmetalle Al, Cu, Zn) vom Ersten Weltkrieg bis in die 1970er Jahre, in: Elisabeth Vaupel (Hg.), Ersatzstoffe im Zeitalter der Weltkriege. Geschichte, Bedeutung, Perspektiven (Deutsches Museum Studies 9), München 2021, 83–134, hier 114–123.

deutsche „Großraumwirtschaft" eingegliedert.[36] Zudem lieferte das von der VAW übernommene Bergwerk im oberösterreichischen Unterlaussa Bauxit an das Nabwerk im bayerischen Schwandorf, wo die geringen Mengen zusammen mit importiertem Bauxit zu Tonerde verarbeitet und unter anderem zur Aluminiumhütte Ranshofen transportiert wurden. Mit dem Wegfall der südost- und westeuropäischen Lagerstätten gewann das auf insgesamt zwei Millionen Tonnen und 200.000 Tonnen Jahresleistung geschätzte Bauxitlager in Unterlaussa immer mehr Gewicht, wurde aber wegen Arbeitskräfte- und Materialmangels nicht annähernd ausgeschöpft.[37] Schließlich sprachen für den Standort auch die Anbindung an das Eisenbahn- und Straßennetz, das große Arbeitskräftepotenzial im Mattigtal und die Verfügbarkeit eines „arisierten" Waldgrundstücks zur Abschirmung der benachbarten Stadt von den giftigen Abgasen.[38]

Das Mattigwerk nahm nach kurzer Bauzeit 1940 als dem Reichswirtschaftsministerium unterstellter Rüstungsbetrieb („W-Betrieb") die Produktion auf. Bereits 1941 befahl Göring, zur Steigerung der Flugzeugproduktion das Werk auf die doppelte Kapazität auszubauen. Von den geplanten sechs Ausbaustufen gingen aber nur fünf in Betrieb. Die 1943 etwa 2.000 Personen zählende Belegschaft war zu zwei Dritteln ausländischer Herkunft, zumeist zur Zwangsarbeit Rekrutierte und Kriegsgefangene.[39] Der Ausstoß des Mattigwerks wuchs von 500 Tonnen 1940 auf 45.045 Tonnen 1944. Zusammen mit den kleineren und älteren Aluminiumhütten Lend und Steeg expandierte die Reinaluminiumproduktion der Ostmark von 4.300 Tonnen 1938 auf 51.002 Tonnen 1944, was den Anteil an der – seit 1943 schrumpfenden – Gesamtproduktion des Deutschen Reiches von 3 auf 21 Prozent hob (Tab. 3). Das Mattigwerk war in den letzten Kriegsjahren die größte Aluminiumhütte des Deutschen Reiches und spielte eine tragende Rolle für die Autarkie- und Rüstungswirtschaft im Allgemeinen und die Leichtmetallproduktion im Besonderen. Abgesehen von einem Fliegerangriff während der Bauphase blieb das Werk von Bombardierungen verschont – auch wegen der nahegelegenen Tarnanlage auf einem Acker, die Bomberverbände ablenkte. In den letzten Kriegsmonaten lähmten jedoch Stromausfälle, Tonerdemangel und Verkehrsunterbrechungen den Werksbetrieb.[40]

---

36 Dietmar Petzina, Autarkiepolitik im Dritten Reich: Der nationalsozialistische Vierteljahresplan (Schriftenreihe der Vierteljahrshefte für Zeitgeschichte 16), Stuttgart 1968, 88.
37 Moser, Wirtschaft, 233–238. 200.000 Tonnen Bauxit hätten 100.000 Tonnen Tonerde und 50.000 Tonnen Aluminium – etwa die Produktionsleistung von Ranshofen 1944 – ergeben.
38 Martina König, Die Geschichte der Aluminiumindustrie in Österreich unter besonderer Berücksichtigung des Werkes Ranshofen (Linzer Schriften zur Sozial- und Wirtschaftsgeschichte 26), Linz 1994, 57f., 81–95.
39 Moser, Wirtschaft, 207, 327.
40 König, Geschichte, 95–105.

Tab. 3: Reinaluminiumproduktion in der Ostmark 1938–1944 (Tonnen)

Jahr	Werk Ranshofen	Werke Lend und Steeg	Gesamtproduktion	Reichsanteil
1938	–	4.300	4.300	3 %
1939	–	4.300	4.300	2 %
1940	500	6.000	6.500	3 %
1941	13.608	7.792	21.400	9 %
1942	28.930	7.870	36.800	14 %
1943	38.644	7.349	45.993	18 %
1944	45.045	5.957	51.002	21 %

Quelle: König, Geschichte, 231; Länderrat des Amerikanischen Besatzungsgebiets (Hg.), Handbuch, 294.

2.5. Chemieindustrie – am Beispiel Zellwolle

Die Autarkie- und Rüstungswirtschaft begegnete der hohen Auslandsabhängigkeit des Deutschen Reiches bei Textilrohstoffen durch die Inlandsproduktion von halb- und vollsynthetischen Fasern – unter anderem Zellwolle, die auf aus (Buchen-)Holz gewonnener Zellulose basierte.[41] Weil die Großkonzerne IG Farben AG und Vereinigte Glanzstofffabriken AG ihre Kapazitäten nur zögerlich ausweiteten, setzte der Vierjahresplan von 1936 auf den Aufbau regionaler Zellwollewerke mittels staatlich verbürgter Kredite unter der Aufsicht staats- und parteinaher Organe.[42] Darunter befand sich auch die Thüringische Zellwolle AG, die nach dem „Anschluss" den geplanten Aufbau eines Zellwollewerks in der Ostmark mit ihrem reichen Holzangebot und ihrer textilindustriellen Nachfrage umsetzte. Für den Standort der eigens dafür geschaffenen Gemeinde Agerzell in Oberdonau sprachen mehrere Aspekte: die leistungsfähige und 1938 von der Kontrollbank „arisierte" Papier- und Zellulosefabrik der jüdischen Bunzl-Brüder, das (buchen-)holzreiche Hinterland, die wasserreiche Ager, das nahe Braunkohlerevier im Hausruckviertel sowie die Bahn- und spätere Autobahnanbindung. Das Zellwollewerk wurde 1938/39 in Rekordzeit von durchschnittlich 1.500 Arbeitern aus dem Boden gestampft. Zum Werk gehörten auch eine Holzschleiferei, eine Zellstoff- und Zellulosefabrik, eine Papierfabrik, ein

---

41 Roman Sandgruber, Lenzing. Anatomie einer Industriegründung im Dritten Reich (Oberösterreich in der Zeit des Nationalsozialismus 9), Linz 2010, 30. 1.000 Kilogramm Zellwolle erforderten 1.200 Kilogramm Zellulose bzw. 5,5 Festmeter Buchenholz.

42 Jonas Scherner, Zwischen Staat und Markt. Die deutsche halbsynthetische Chemiefaserindustrie in den 1930er Jahren, in: Vierteljahrschrift für Sozial- und Wirtschaftsgeschichte 89 (2002), 427–448; Gerd Höschle, Die deutsche Textilindustrie zwischen 1933 und 1939. Staatsinterventionismus und ökonomische Rationalität (Vierteljahrschrift für Sozial- und Wirtschaftsgeschichte – Beihefte 174.1), Stuttgart 2004.

Kraftwerk und eine Spritfabrik. Der Stolz der Gründer galt dem mit 152,5 Metern höchsten Schornstein des Deutschen Reiches.[43]

Die Produktion lief noch Ende 1939 an und stieg nach dem Beschluss, die Produktionskapazität zu verdoppeln, von 8.162 Tonnen 1940 auf 20.864 Tonnen 1944 (mit dem Maximum von 26.736 Tonnen 1943), wobei der Anteil an der deutschen Zellwolleproduktion 1943 auf 8 Prozent kletterte. Eingeschränkt wurde hingegen die Papiererzeugung, die nur ein Drittel des Zellstoffs bekam, während zwei Drittel in das Zellwollewerk flossen (Tab. 4). Wegen Versorgungsschwierigkeiten wurde die Produktion auf behördliche Weisung mit Jahresende 1944 eingestellt. Kritik gab es an der Faserqualität und den gesundheitsgefährdenden Arbeitsbedingungen, vor allem wegen austretender Dämpfe. Das Werk erreichte 1944 mit rund 3.500 Beschäftigten den Höchststand, wobei der Ausländeranteil – ein Gutteil davon zivile Zwangsarbeitskräfte aus den besetzten Gebieten Südost- und Osteuropas – bereits ab 1942 weit über der Hälfte lag. Dazu kamen die etwa 500 Insassinnen des 1944 beim Werk eingerichteten Frauenaußenlagers des Konzentrationslagers Mauthausen.[44]

Tab. 4: Produktion der Zellwolle Lenzing AG 1938–1944 (Tonnen)

Jahr	Zellwolle	Zellstoff	Papier	Holzschliff	Reichsanteil Zellwolle
1938	–	16.100	19.800	5.000	–
1939	87	20.338	10.567	3.414	0,0 %
1940	8.162	22.466	12.475	3.465	3,3 %
1941	20.610	27.322	14.194	2.934	6,9 %
1942	23.660	27.363	12.674	2.681	7,2 %
1943	26.736	28.375	12.230	3.358	8,3 %
1944	20.852	24.398	11.584	3.502	–

Quelle: Sandgruber, Lenzing, 27, 74.

3. Konservationistische Bewegungen

3.1. Naturschutz im Dienst der „Volksgemeinschaft"

Als 1939 das Reichsnaturschutzgesetz von 1935 auf die Ostmark ausgedehnt wurde, schienen sich jahrzehntelange Forderungen der österreichischen Naturschutzbewegung zu erfüllen. Das (abgesehen von der Präambel) von NS-Jargon weitgehend freie und international wegweisende Gesetz, das Göring federführend betrieb und seinem Amtsbereich, dem Reichsforstmeister als Oberster Naturschutzbehörde, zugeschlagen hatte, stärkte die Rechtsstellung des Natur-

---

43 Sandgruber, Lenzing, 32–36, 63–68.
44 Ebd., 68–74, 147–151.

schutzes: „Alle Reichs-, Staats- und Kommunalbehörden sind verpflichtet, vor Genehmigung von Maßnahmen oder Planungen, die zu wesentlichen Veränderungen der freien Landschaft führen können, die zuständigen Naturschutzbehörden rechtzeitig zu beteiligen."[45] Die Höheren Naturschutzbehörden bei den Reichsstatthaltereien und die Unteren Naturschutzbehörden bei den Landräten und Oberbürgermeistern sowie der Sonderbeauftragte für Naturschutz in der Ostmark und die ehrenamtlichen, meist in Museen, Schulen und anderen staatsnahmen Organisationen tätigen Gau- und Kreisbeauftragten waren wegen der beschleunigten Ressourcenmobilisierung nach dem „Anschluss" gefordert. Die Projekte häuften sich vor allem in Oberdonau als Brennpunkt großindustrieller Gründungen, wo der Gaubeauftragte die „überfallsartig einsetzenden Planungen" beklagte.[46] Das Reichsnaturschutzgesetz entfaltete ambivalente Wirkungen: Einerseits eröffnete es der bildungsbürgerlich geprägten und zunächst kaum nationalsozialistisch orientierten Naturschutzbewegung Beteiligungsrechte an Verwaltungsverfahren im Sinn der „Landschaftspflege", um Wirtschaftsentwicklung und Naturschutz miteinander zu vereinbaren. Andererseits mündeten die naturschützerischen Aktionen nach Kriegsbeginn häufig in einem aussichtslosen Papierkrieg gegen die Betreiber von als „kriegswichtig" eingestuften Projekten, die – wie Göring als Reichsforstmeister und zugleich Beauftragter für den Vierjahresplan – oft auch die Naturschutzagenden innehatten.[47]

Die österreichischen Wortführer des Naturschutzes stellten in ihrem Zentralorgan, den *Blättern für Naturkunde und Naturschutz,* enge Bezüge zum Nationalsozialismus im Allgemeinen und zur Rassenideologie im Besonderen her. Die Schriftleitung oblag dem beim „Anschluss" 51-jährigen Günther Schlesinger – einem altgedienten Naturschutzfunktionär, den Göring zum Sonderbeauftragten für Naturschutz in der Ostmark einsetzte. Er hatte als Direktor der Niederösterreichischen Landessammlungen 1923 den Österreichischen Naturschutzverband gegründet, im selben Jahr die *Blätter für Naturkunde und Naturschutz* initiiert und am niederösterreichischen Naturschutzgesetz von 1924 maßgeblich mitgearbeitet.[48] Wenige Wochen nach dem „Anschluss" bezog

---

45 Reichsnaturschutzgesetz vom 26.6.1935, in: RGBl. I (1935), 821; Verordnung zur Einführung des Reichsnaturschutzrechts im Lande Österreich vom 10.2.1939, in: RGBl. I (1939), 217.

46 Theodor Kerschner, Natur- und Landschaftsschutz, in: Jahrbuch des Oberösterreichischen Musealvereines 89 (1940), 343–345.

47 Charles E. Closmann, Legalizing a Volksgemeinschaft. Nazi Germany's Reich Nature Protection Law of 1935, in: Brüggemeier/Cioc/Zeller (Hg.), Green, 18–42; Ders., Environment, 418–420; Frank Uekötter, The Green and the Brown. A History of Conservation in Nazi Germany, Cambridge 2006, 44–82.

48 Helmuth Feigl/Gerhard Tuisl, Schlesinger, Günther (1886–1945), in: Österreichischen Akademie der Wissenschaften (Hg.), Österreichisches Biographisches Lexikon 1815–1950, Bd. 10, Wien 1994, 190. Der Lexikoneintrag verschweigt die Nähe Schlesingers zum Nationalsozia-

Schlesinger in seiner Zeitschrift Stellung, um das seit den 1920er-Jahren propagierte Naturschutzprogramm der „neuen Zeit" anzupassen.[49] Er wandte sich
gegen die in Naturschutzkreisen verbreitete Ansicht, herausragend schöne
Landschaften zu konservieren und die übrigen Landschaften der wirtschaftlichen Ausbeutung preiszugeben. Seine Haltung begründete er nicht mit ästhetischen, sondern mit völkischen Argumenten: Gerade in der „Kampfzone des
deutschen Ostens", in der „fremde Völker" nach Westen drängten, würde eine
Preisgabe des Naturschutzes „volks- und rassenpolitisch gesehen nie wiedergutzumachende Gefahren heraufbeschwören". Da das Volk im Bauerntum und
das Bauerntum in der Landschaft wurzle, müsse die Raumplanung die Landschaft zur „Heimat" gestalten, um derart „die Kraft des deutschen Volkes für alle
Zukunft zu erhalten".[50] Schlesinger vertrat einen „völkisch ausgerichteten Naturschutz", der – ganz im Sinn der „Landschaftspflege" – nicht nur den naturnahen „Erholungsraum", sondern auch den agrarischen und industriellen
„Schaffensraum" des Bauerntums und der Industriearbeiterschaft einbezog. Er
agitierte nicht gegen die wirtschaftliche Nutzung der Landschaft an sich, sondern
gegen die „erwerbs-" und für die „volkswirtschaftliche" Nutzung. Sein Bestreben
galt der Wiederannäherung der Landschaft an den „deutschen Wald", um den als
„jüdisch" charakterisierten Drang zur von Wäldern, Hainen und Hecken ge-
säuberten „Kultur"- und „Industriesteppe" zu brechen, denn: „Der Wald ist der
Gestalter des Volkes, die Steppe der Gestalter der Herde." Die „Bewahrung des
Heimatwertes" der Landschaft folge dem „Gesetz von Blut und Boden": der
Stärkung des Bauerntums als „Lebensquell, aus dem sich alle anderen Volksteile
ergänzen" – so auch die Industriearbeiterschaft. Dementsprechend sollten nicht
nur kleinteilige Agrarlandschaften erhalten, sondern auch Industrieanlagen mit

lismus – worauf auch dessen Suizid zu Kriegsende 1945 hindeutet – und betont stattdessen
die Distanz: „Entgegen seinen Erwartungen traf er nach der Eingliederung Österr. in das
Dt. Reich nicht auf das nötige Verständnis für seine Bestrebungen." Schlesinger trat am 1. 1.
1941 der NSDAP bei und war NSDAP-Blockleiter in der Ortsgruppe Gatterburg: Nieder-
österreichisches Landesarchiv, Amt der NÖ Landesregierung, Landesamt I/P NS-Fragebögen,
Schlesinger Günther Dr. Der Autor dankt Stefan Eminger vom Niederösterreichischen Landesarchiv für diesen Hinweis. Zur Biographie Schlesingers: Stefan Eminger, Theresianisten,
CVer, Burschenschafter. Spitzenbeamte in Niederösterreich 1918 – 1934 – 1938 – 1945, in:
Wolfgang Weber/Walter Schuster (Hg.), Biographien und Zäsuren. Österreich und seine
Länder 1918 – 1933 – 1938 (Historisches Jahrbuch der Stadt Linz 2010/2011), Linz 2011, 239–
270, hier 249.

49 Günther Schlesinger, Mensch und Natur, München 1926. Zum Landschaftsbild Schlesingers:
    Hanisch, Landschaft, 91 f.
50 Günter Schlesinger, Landschaftsgestaltung im Reichsland Österreich, in: Blätter für Natur-
    kunde und Naturschutz 25 (1938) 5, 66–68, hier 67 f.; Ders., Landschaftsschutz und Land-
    schaftsgestaltung, in: Blätter für Naturkunde und Naturschutz 25 (1938) 7/8, 97–116; Ders.,
    Landschaftsraum und Landschaftsrhythmus als Planungsgrundlagen, in: Jahrbuch für Lan-
    deskunde von Niederösterreich 27 (1938), 311–318.

Bäumen, Sträuchern und Blumen begrünt werden, um die Natur- und damit
Volksverbundenheit des Arbeiters zu stärken. Davon hänge die Existenz des
„deutschen Volkes" ab: „Der deutsche Mensch wird an der deutschen Natur
gesunden oder an der entdeutschten Natur zugrunde gehen."[51]

Neben Schlesinger kamen in den *Blättern für Naturkunde und Naturschutz*
auch andere Autoren zu Wort, die teils noch deutlicher nationalsozialistischen
Klartext sprachen, teils Naturschutzthemen ohne lautes ideologisches Getöse
behandelten. Ein Beispiel für ideologisch getriebene Beiträger ist der Oberförster
Arthur Partisch mit seinem Artikel über *Natur- und Landschaftsschutz als hervorragende Grundlagen nationalsozialistischer Rassenpolitik.* Darin findet sich
das gesamte Repertoire nationalsozialistischer Ideologie – vom Naturschutz als
Alleinstellungsmerkmal des „nordischen gearteten Menschen" bis zur Naturzerstörung durch den „jüdischen Materialismus" in Gestalt des Kapitalismus
und Bolschewismus. Gemäß dem Postulat: „Die Rasse ist durch die Umwelt
bedingt," diene der Natur- und Landschaftsschutz als Mittel zur „Aufartung des
deutschen Menschen" und damit als „Rassenschutz".[52] Ein Beispiel für eher
pragmatisch orientierte Autoren ist der Kunsthistoriker Franz Ottmann, der
gegen die „Amerikanisierung" mittels Industrialisierung und Urbanisierung als
Wurzeln der „Naturfeindschaft" wetterte und für die Wiedergewinnung der
Harmonie mit der Natur warb. Darüber hinaus konzentrierte er sich auf ausge-
wählte Naturschutzprobleme in Stadt und Land und darauf zugeschnittene
landschaftsgestalterische Lösungen.[53] Ein wichtiger Ideengeber Schlesingers und
seiner Mitstreiter war der Reichslandschaftsanwalt Alwin Seifert, dessen Pro-
grammschrift *Im Zeitalter des Lebendigen* mit vielen Beispielen aus der Ostmark
in Naturschutzkreisen breit rezipiert wurde.[54]

Im Lauf der Jahre verbreitete sich in Naturschutzkreisen Enttäuschung über
die durch das Reichsnaturschutzgesetz eröffneten konservationistischen Möglichkeiten, die an die engen Grenzen produktivistischer Prioritäten stießen.
Verbittert beklagten die *Blätter für Naturkunde und Naturschutz* 1944 den radikalen Landschaftswandel in der Ostmark: „Das Führerwort vom Garten
Deutschlands ist anscheinend in Vergessenheit geraten und die Pläne, den Do-
nau-Alpenraum zum Fremdenverkehrs- und Reiseland Deutschlands zu ma-

---

51 Günther Schlesinger, Vom deutschen Schaffensraum, in: Blätter für Naturkunde und Naturschutz 28 (1941) 12, 161–166.
52 Arthur Partisch, Natur- und Landschaftsschutz als hervorragende Grundlagen nationalsozialistischer Rassenpolitik, in: Blätter für Naturkunde und Naturschutz 31 (1944) 10–12, 74–
79.
53 Franz Ottmann, Naturfeindschaft, in: Blätter für Naturkunde und Naturschutz 25 (1938) 9,
125–129.
54 Alwin Seifert, Im Zeitalter des Lebendigen. Natur – Heimat – Technik, München 1941. Zum
Landschaftsbild Seiferts: Hanisch, Landschaft, 43–46.

chen, werden durch andere Projekte verdrängt."[55] Demgegenüber sei aus einem
Bauern- und Waldland ein Industrieland geworden, was sich vielerorts zeige:

> „Die Dynamik des wirtschaftlichen Aufschwunges nach dem Anschlusse hat im Verein
> mit Maßnahmen des Vierjahresplanes und militärischen Forderungen viele Bedenken
> der Landschaftsplanung mißachtet. Der Ausbau der Wasserkräfte, besonders die in
> Angriff genommenen Tauernkraftwerke, die Intensivierung der Bergbauernwirtschaf-
> ten und andere Maßnahmen gefährden unsere herrliche Alpenwelt. Die Errichtung von
> Industrieanlagen und die Vergrößerung bestehender zerstört die Landschaft und die
> Lebensbedingungen. Die Hermann-Göring-Werke in Linz und Lenzing in Oberdo-
> nau, die Zerstörung der Lobau, der Ausbau der steirischen Industrieorte sind solche
> Mahnmale. Militärische Anlagen, Schieß- und Übungsplätze haben vor den schönsten
> und interessantesten Gegenden nicht halt gemacht. Manch stille Kleinstadt wurde
> durch Industriebauten und großangelegte Barackenlager entstellt. Ja, man hat förmlich
> Angst, wenn man irgendwo Bauhütten oder Baracken entstehen sieht und sich denken
> muß: ‚Was wird da wieder geschehen!?' Auch eine stärkere Besiedlung der Alpentäler
> wird sich nur zum Nachteile der Alpenlandschaft auswirken. Ebenso liegt ein großes
> Gefahrenmoment in der ‚Rationalisierung' der Landwirtschaft. Durch die Flurberei-
> nigungen und die fortschreitende Mechanisierung der Betriebe fallen die Hecken und
> Baumgruppen; die Moore sind durch geplante Trockenlegungen gefährdet."[56]

In dieser Anklage schimmert ein romantisches, an der naturnahen Kulturlandschaft orientiertes Landschaftsbild durch, das nicht nur ästhetisch, sondern auch
völkisch geprägt ist: „Das deutsche Volk, das nach dem Kriege vor gewaltige,
nervenanspannende Aufgaben gestellt sein wird, wird diesen gottbegnadeten
Erholungsraum zwischen Boden- und Neusiedlersee zur Erhaltung seiner Wi-
derstandskraft dringend benötigen."[57] Darüber hinaus übt der namentlich nicht
genannte Autor – vieles deutet auf Schlesinger hin – beißende Kritik an staatlichen und privatwirtschaftlichen Entscheidungsträgern als gleichsam Agenten
der kapitalistischen Moderne: „Man schmäht heute mit Recht die Zeit des Li-
beralismus. Aber – Hand aufs Herz – ist es nicht kapitalistisch gedacht, wenn man
die schönste Landschaft zu opfern bereit ist – von Kriegsnotwendigkeiten abgesehen –, um sie zum eigenen Vorteil wirtschaftlich nutzen zu können?"[58] Die
Frontlinie verlief aus dieser Sicht nicht zwischen dem Naturschutz und dem
Nationalsozialismus mit dem „Führer" als ‚Übergärtner', dem man durchaus
Kriegsnotwendigkeiten zugestand; sie verlief zwischen der ‚richtigen' (weil
konservationistischen) und ‚falschen' (weil produktivistischen) Spielart des
Nationalsozialismus. Die publizistisch engagierten Naturschützer positionierten

---

55 N. N., Die Ostmark, der Garten Deutschlands, in: Blätter für Naturkunde und Naturschutz 31
    (1944) 2, 9–12, hier 10.
56 Ebd., 11f.
57 Ebd., 10.
58 Ebd., 12.

sich zugleich als Schützer des im Raum verwurzelten „Volkes" – und damit als die wahren Nationalsozialisten. Inwieweit diese Strategie Ausdruck eines national-sozialistischen Geistes oder eines bloß ideologisch getarnten Naturschutzden-kens war, muss an dieser Stelle offenbleiben.

3.2. Agrarentwicklung – am Beispiel „Gemeinschaftsaufbau"

Der von Anton Reinthaller, dem Landesbauernführer Donauland und Unter-staatssekretär im Reichsministerium für Ernährung und Landwirtschaft, 1940 initiierte „Gemeinschaftsaufbau im Bergland", das zweifellos ambitionierteste Agrarentwicklungsprojekt in der Ostmark, sorgte in Naturschutzkreisen bald für Aufruhr. Das langfristige Ziel der Aktion war die flächendeckende „Aufrüstung des Dorfes" – der Übergang zur hochtechnisierten, spezialisierten und markt-integrierten Familienlandwirtschaft. Kurzfristig sollte dieses Großprojekt in ausgewählten Berglandgemeinden in kleinen Schritten erprobt werden. Parallel zur Projektplanung und -umsetzung durch Landesbauernschaften und Reichs-statthalter wurde die „Berglandaktion", vor allem das Vorzeigeprojekt Pichl-Obersdorf in Oberdonau, in der Presse mit unverhohlener Fortschrittseuphorie beworben.[59] So etwa präsentierte das *Wochenblatt der Landesbauernschaft Do-nauland* zur Jahresmitte 1941 eine stolze Zwischenbilanz des „Gemeinschafts-aufbaus" in Pichl-Obersdorf: Elektrifizierungen, Entwässerungen, Um- und Neubauten von Wohn- und Wirtschaftsgebäuden, Maschinenanschaffungen und so fort.[60] Diese Medienoffensive alarmierte im Alpenraum engagierte Natur-schützer wie Karl Eppner, den Vorsitzenden des Vereins zum Schutze der Al-penpflanzen und -tiere.[61] In seiner Eingabe an den Reichsforstmeister als Oberste Naturschutzbehörde, die 1942 auch in den *Blättern für Naturkunde und Natur-schutz* abgedruckt und damit der Naturschutzszene bekannt gemacht wurde, malte er gleichsam den Untergang des Alpenlandes – „eine vollständige Umge-staltung der Landschaft bis in die kleinsten Einzelheiten" mit der „Gefahr der nicht mehr wieder gut zu machenden Zerstörung" – an die Wand.[62]
Trotz des alarmistischen Grundtons war Eppners Eingabe keine Fundamen-talkritik an der „Berglandaktion", sondern kritisierte lediglich einzelne als na-

59 Langthaler, Schlachtfelder, 436–472; Gerhard Siegl, Bergbauern im Nationalsozialismus. Die Berglandwirtschaft zwischen Agrarideologie und Kriegswirtschaft (Innsbrucker Forschun-gen zur Zeitgeschichte 28), Innsbruck 2013.
60 Wochenblatt der Landesbauernschaft Donauland 33/1941, 711 f.
61 Karl Boshart, 50 Jahre Verein zum Schutz der Alpenpflanzen und -tiere 1900–1950, in: Jahrbuch des Vereins zum Schutze der Alpenpflanzen und -tiere 15 (1950), 9–12.
62 N. N., Naturschutzsünden, in: Blätter für Naturkunde und Naturschutz 29 (1942), 42 f., hier 43.

turzerstörerisch beurteilte Maßnahmen: die Begradigung und Tieferlegung der Gebirgsflüsse und -bäche, unter anderem zur Kraftwerksnutzung, was das tierische und pflanzliche Leben in und an den Gewässern auslösche; die Entwässerung von Mooren und „sauren Wiesen", die die Vielfalt der Alpenwiesenblumen durch eintönige Löwenzahnflächen ersetze; die Anlage von Koppelweisen auf den Almen mit rechtwinkeligen Stacheldrahtzäunen und Düngeraufzügen, die das Fällen der malerischen Baumgruppen erfordere; die Umwandlung der Hochlagen an der Vegetationsgrenze in Schafalmen, die die schönsten Blütenpflanzen dezimiere; die Flurbereinigung auf den Talgründen mit geradlinigen und rechtwinkelig einander schneidenden Wegen. Zwar sei die „Notwendigkeit der Ertragssteigerung des landwirtschaftlichen Bodens zur Verbreiterung der Ernährungsgrundlage des deutschen Volkes" unbestritten; doch müsse die „restlose Technisierung und Amerikanisierung der Bergbauernwirtschaft auf Kosten der Schönheit der deutschen Heimat" verhindert werden.[63] Eppner vertrat offenbar keine Antimoderne, sondern eine Moderne nach Maß unter Berücksichtigung des Naturschutzes.

3.3. Großindustrieprojekte – am Beispiel Agerzell und Ranshofen

Die Konzentration großindustrieller Gründungen in Oberdonau provozierte Proteste der Naturschutzbewegung – weniger in der Gauhauptstadt Linz, die zu einem überregionalen Industriezentrum ausgebaut wurde, als an den ländlichen und kleinstädtischen Standorten Agerzell (heute Lenzing) und Ranshofen. Unter dem Titel „Agerzell, eine mißständige Industrieanlage" erschien 1943 in den *Blättern für Naturkunde und Naturschutz* ein namentlich nicht gezeichneter Artikel, der das Zellwollewerk Lenzing als „schwere[n] Mißgriff" geißelte.[64] Der Protestartikel enthielt sich weitgehend ideologischer Bezüge zum Nationalsozialismus, sondern konzentrierte sich pragmatisch auf naturschützerische und regionalwirtschaftliche Kritikpunkte: der „penetrante üble Geruch" der Abgase, verbunden mit einer „Rußplage"; die Verwandlung der im Attersee entspringenden Ager in eine „trübe, schäumende, Abfallstoffe mitführende Brühe" mit Verschmutzungen bis in die Traun; die Störung des Fremdenverkehrs durch die fast 3.000 Personen zählende Belegschaft; das Erscheinungsbild des Schornsteins, der „die herrliche Gebirgslandschaft des Höllengebirges zerreißt und mit seinen braunen Rauchfahnen das Nordende des Sees unschön abschließt"; der Arbeitskräftemangel für regionale Bauern- und Gewerbebetriebe; der Verlust an

---

63 Ebd., 43.
64 N. N., „Agerzell", eine mißständige Industrieanlage, in: Blätter für Naturkunde und Naturschutz 30 (1943) 2, 13–16, hier 13.

fruchtbarem Ackerboden durch die Werksanlagen und Wohnhäuser; die Verseuchung des Grundwassers durch einen undichten Klärteich. Insgesamt bedeute die Zellwollefabrik nicht nur eine „kaum wiedergutzumachende Verschandelung unserer engeren Heimat", sondern auch eine „schwere Schädigung des ‚Erholungsraumes Salzkammergut' für das ganze deutsche Volk". Der Autor spekulierte zwar mit der Verlegung des Werkes in eine größere Industriestadt, beschränkte sich realistischer Weise aber auf die Forderung, die Umweltschäden zu beheben.[65]

Neben dem Zellwollewerk in Agerzell bildete auch die Aluminiumhütte in Ranshofen einen Brennpunkt zivilgesellschaftlicher Konflikte. Wortführer der natur- und kulturschützerischen Kritik war der Arzt Eduard Kriechbaum, der die Funktionen eines Ratsherrn der Stadt Braunau und des Gauheimatpflegers von Oberdonau bekleidete.[66] Er positionierte die „Heimatpflege" im völkischen Sinn als Kampf gegen die „schwere Gefahr für das rassische Gefüge des deutschen Volkes" durch Verstädterung und Industrialisierung: „Der deutsch-nordische Mensch, der mit der Natur eine Einheit bildet, und der amerikanisch-ökonomische Mensch, für den die Natur nur als Ausbeutungsgegenstand einen Wert hat, stoßen dabei immer wieder heftig zusammen, und Heimatpflege ist somit alles eher als eine ‚lyrische' Angelegenheit von Schwärmern."[67] Anlässlich einer Beratung der Braunauer Ratsherren über die Bereitstellung eines Baugrundes für das Aluminiumwerk im Mai 1939 bezog Kriechbaum klar gegen das Großprojekt Stellung. Dabei verschränkte er natur- und kulturschützerische Motive: Einerseits sei der zu rodende Klosterwald auf der ehemaligen Kaiserpfalzstätte ein einzigartiges Naturdenkmal; andererseits bilde das Gebiet ein „Bauernland mit einem so urtümlichen Volkstume" wie nirgendwo anders im Deutschen Reich. Natur und Rasse verbänden sich hier zu einem „harmonischen Ganzen" im Sinn des Nationalsozialismus. Diese „Harmonie von Blut und Boden" werde durch den drohenden „Amerikanismus" – die in einem „amerikanischen Tempo einbrechende Industrialisierung" mit ihren Begleiterscheinungen (Arbeitersiedlung, Stromleitungen, Bahntrasse usw.) – für immer zerstört. Statt als industrielle Mittelstadt solle sich Braunau, der „Geburtsort des Führers", als „nationaler Wallfahrtsort" mit entsprechenden Gedenk- und Schulungseinrichtungen po-

---

65 Ebd., 13–15.

66 Thomas Dostal, Der Arzt als „Volkserzieher". Eduard Kriechbaums „hygienische Volksbildung" zwischen Heimat- und Volkstumsideologie, in: Spurensuche. Zeitschrift für Geschichte der Erwachsenenbildung und Wissenschaftspopularisierung 27 (2018), 97–123. Kriechbaum wurde am 1.1.1941 in die NSDAP aufgenommen.

67 Eduard Kriechbaum, Heimatpflege, in: Jahrbuch des Oberösterreichischen Musealvereines 89 (1940), 333–341, hier 337.

sitionieren.[68] Kriechbaums Widerstand im Verbund mit den Naturschutzbe-
hörden beunruhigte die Projektbetreiber dermaßen, dass diese in einer weiteren
Beratung im Juli 1939 eine Gegenoffensive zur Rettung des Standorts eröffneten.
Mit Verweis auf die autarkie- und rüstungswirtschaftlichen Notwendigkeiten des
Reiches, die finanz-, wirtschafts- und sozialpolitischen Vorteile für die Stadt
sowie die Haltlosigkeit der – bisweilen als „lächerlich" abgetanen – Natur- und
Kulturschutzargumente beschloss der Bürgermeister, das Projekt mit allen
Mitteln zu unterstützen. Damit war das touristische Alternativszenario dem
großindustriellen Stadtentwicklungsprojekt endgültig unterlegen.[69]

4.   Fazit und Ausblick

Die Flüsse der untersuchten Schlüsselressourcen erfuhren im Nationalsozialismus eine – auch im Nachkriegsvergleich – erhebliche Beschleunigung. Als
Maßstab dient der Materialfluss-Index, der Mittelwert der auf 1950 bezoge-
nen Index-Punkte des Mineraldüngereinsatzes, der Erdölförderung sowie der
Aluminium- und Zellwolleproduktion (Abb. 2). Bereits der Augenschein lässt
zwei Wachstumsschübe erkennen: einen ersten, kürzeren in der NS-Zeit von
28 Punkten 1938 auf 131 Punkte 1944 und, nach dem Einbruch zu Kriegsende,
einen zweiten, längeren ab dem European Recovery Program (ERP oder Marshallplan) von 54 Punkten 1948 auf 199 Punkte 1954 und weiter auf 270 Punkte
1960. Die Schubstärke lässt sich an den jährlichen Wachstumsraten ablesen
(Tab. 5): Der erste Schub 1938/44 verzeichnete ein jährliches Durchschnitts-
wachstum von 32 Prozent, wobei Erdölförderung und Aluminiumproduktion
über- sowie Mineraldüngereinsatz und Zellwolleproduktion unterdurchschnitt-
lich zulegten. Der zweite Schub zerfällt in die Periode 1948/54 mit immerhin
20 Prozent Jahreswachstum, getrieben durch Aluminium vor Zellwolle, Erdöl
und Mineraldünger, und die Periode 1955/60 mit lediglich 3 Prozent Jahreswachstum mit den Treibern Mineraldünger vor Aluminium und Zellwolle und
dem Bremser Erdöl, das bereits am Ende der SMV 1955 das Fördermaximum
erreichte.

68 Protokoll der Beratung mit den Ratsherren der Stadt Braunau vom 12. 5. 1939, Faksimile unter
    http://braunau-history.at/w/index.php?title=Wirtschaftliche_Entwicklung (abgerufen 26. 10.
    2022).
69 Protokoll der Beratung mit den Ratsherren der Stadt Braunau vom 1. 7. 1939, Faksimile unter
    http://braunau-history.at/w/index.php?title=Wirtschaftliche_Entwicklung (abgerufen 26. 10.
    2022).

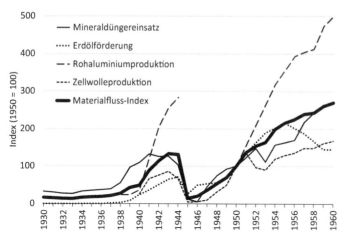

Abb. 2: Materialflüsse in Österreich 1930–1960 (Index-Punkte für 1950). Quellen: Mineraldünger 1930–1960: Handelsdüngerverbrauch, 26; Erdöl 1930–1960: Österreichisches Institut für Wirtschaftsforschung (Hg.), Erdölwirtschaft, 9, 15; Aluminium 1937–1945 und 1950–1960: Stephan Koren, Die Industrialisierung Österreichs. Vom Protektionismus zur Integration, in: Wilhelm Weber (Hg.), Österreichs Wirtschaftsstruktur gestern – heute – morgen, Bd. 1, Berlin 1961, 223–549, hier 419; Zellwolle 1940–1960: Sandgruber, Lenzing, 69, 74.

Tab. 5: Jährliche Wachstumsraten der untersuchten Ressourcen 1938–1960 (Prozent)

Zeit-abschnitt	Mineral-dünger-einsatz	Erdölför-derung	Aluminium-produktion	Zellwolle-produktion	Durchschnitts-wachstum
1938/44	9,3	54,9	42,4	20,6	31,8
1948/54	11,2	20,1	26,1	21,0	19,6
1955/60	8,6	-6,4	5,9	4,5	3,1

Anmerkung: Zellwolle 1940–1944, Aluminium 1950–1954. Quelle: siehe Abb. 2.

Diese Befunde ermöglichen eine differenzierte Interpretation der österreichischen Variante der *Great Acceleration*, der „Großen Beschleunigung" der Material- und Energieflüsse in den Industrieländern um 1950. Die Ressourcenmobilisierung in der NS-Zeit beschleunigte sich erheblich stärker als in der Marshallplanära und danach, wenngleich auf niedrigerem Niveau. Entweder wir beziehen die NS-Zeit in die „Große Beschleunigung" ein oder wir fassen sie als deren Vorspiel – als „Kleine Beschleunigung". Für die erste Variante spricht, dass das (durch die Jahresraten gemessene) Wachstumstempo 1938/44 etwa das Eineinhalbfache von 1948/54 und mehr als das Zehnfache von 1955/60 betrug. Für die zweite Variante spricht, dass das (durch den Materialfluss-Index gemessene) Wachstumsniveau 1954 das Eineinhalbfache und 1960 das Doppelte von 1944 betrug. Wie wir diese Befunde auch drehen und wenden – sie sprechen jedenfalls dafür, die Ressourcenmobilisierung unter nationalsozialistischer

Regie mit der sozialökologischen Transformation Österreichs um die Mitte des
20. Jahrhunderts zusammenzudenken. Unter einer transitionstheoretischen
Perspektive[70] verliert die Zäsur von 1945 an epochaler Trennschärfe und markiert
lediglich die Unterbrechung einer Beschleunigungsphase im sozialmetaboli-
schen Übergang, die spätestens mit dem „Anschluss" 1938 und der anschließenden „Germanisierung" österreichischer Unternehmen begann und frühes-
tens mit dem Staatsvertrag 1955 und der anschließenden Verstaatlichung der als
„Deutsches Eigentum" sowjetisch verwalteten Unternehmen endete. Mineraldünger, Erdöl, Aluminium und Zellwolle stehen zunächst für soziotechnische
Innovationen in den Nischen der deutschen Ressourcenmobilisierung – auch
mittels Zwangsarbeit – für die europäische „Großraumwirtschaft". Nach dem
wirtschaftlichen Schock durch den politischen Regimewechsel 1945, vor allem
durch Kriegszerstörungen, Demontagen und Zonenteilung, etablierten sich diese
Warenketten unter US-amerikanischer und sowjetischer Regie als Träger des
petro-industriellen Stoffwechselregimes der Zweiten Republik. Die internationalen Warenketten richteten sich in den Nachkriegsjahrzehnten über das General Agreement on Tariffs and Trade (GATT) und die European Free Trade
Association (EFTA) auf die westliche Freihandelszone aus, hingen über den
Osthandel aber auch mit der Sowjetunion und deren Satellitenstaaten zusammen.[71]

Die staatsgeleitete Beschleunigung der Materialflüsse in der deutschen Aut-
arkie- und Rüstungswirtschaft lässt sich nicht nur nachträglich statistisch belegen, sondern wurde auch von der zeitgenössischen Zivilgesellschaft als beschleunigte Naturaneignung wahrgenommen. Die als „Naturzerstörung" gedeutete Ressourcenmobilisierung traf auf bisweilen heftigen Gegenwind der
organisierten Naturschutzbewegung, die ihre Sache meist ideologisch aufgeladen, manchmal aber auch pragmatisch verfocht. Die naturschützerische Kritik an
der „Versteppung" des deutschen „Schaffensraums" war zwar von Ruralismus
und Agrarismus – jeweils „deutsch-völkisch" akzentuiert – sowie Antiurbanis-
mus und -industrialismus – jeweils antijüdisch und -slawisch akzentuiert – getrieben. Sie richtete sich jedoch meist nicht gegen die Moderne an sich, sondern
plädierte für eine gegenüber „Amerikanismus" und „Bolschewismus" alternative
Moderne – eine „organische Moderne", die trotz Urbanisierung und Industrialisierung die „Einheit von Natur und Volk" im deutschen „Erholungsraum"

---

70 Frank W. Geels, Technological Transitions as Evolutionary Reconfiguration Processes: a
    Multi-level Perspective and a Case-study, in: Research Policy 31 (2002) 8/9, 1257–1274; Ders./
    Bruno Turnheim, The Great Reconfiguration: A Socio-technical Analysis of Low-carbon
    Transitions in UK Electricity, Heat, and Mobility Systems, Cambridge 2022, 8–12.
71 Siehe dazu auch den Aufsatz von Robert Groß in diesem Heft.

bewahrt.[72] Das Landschaftsleitbild des Naturschutzes forderte: *Garten statt Steppe*. Die völkische Orientierung großer Teile der konservationistischen Bewegung kennzeichnete auch viele Vertreter der produktivistischen Ressourcenmobilisierung, die sich ebenso im Dienst der „Volksgemeinschaft" wähnten. Was die beiden Positionen trennte, war der Weg zum Ziel: auf der einen Seite eine defensive Modernisierung nach natur- und kulturschützerischen Maßstäben, die den Naturschutz auf den „Schaffensraum" ausdehnte; auf der anderen Seite eine offensive Modernisierung nach autarkie- und rüstungswirtschaftlichen Maßstäben, die den Naturschutz auf den „Erholungsraum" beschränkte.

Letztlich erwiesen sich die Waffen des Naturschutzrechts als zu stumpf und dessen Lobby als zu schwach, um die mit Kriegsnotwendigkeiten argumentierenden und mit staatlichen und unternehmerischen Entscheidungsträgern bestens vernetzten Betreiber von Agrar- und (Groß-)Industrieprojekten auszubremsen. Die institutionelle Übermacht des völkischen Produktivismus verwies die Aktivisten des völkischen Konservationismus in ein Nischendasein, das die Hegemonie des sozialpartnerschaftlich institutionalisierten Wachstumsoptimismus in den Nachkriegsjahrzehnten weiter verfestigte. Die Rede des Schriftstellers und ehemaligen NSDAP-Mitglieds Günther Schwab im Audimax der Universität Wien auf Einladung des österreichischen Naturschutzbundes 1954 klang dementsprechend alarmistisch: „Die Katastrophe hat schon begonnen".[73] Erst in der Modernitätskrise nach „68" gewann die Naturschutzbewegung, einschließlich ihrer völkischen Teile, im Windschatten der „neuen sozialen Bewegungen" wieder an zivilgesellschaftlicher Resonanz.[74]

---

72 Konrad H. Jarausch, Organic Modernity: National Socialism as Alternative Modernism, in: Baranowski/Nolzen/Szejnmann (Hg.), Companion, 33–46.
73 Hanisch, Landschaft, 95–97.
74 Martin Schmid/Ortrun Veichtlbauer, Vom Naturschutz zur Ökologiebewegung. Umweltgeschichte Österreichs in der Zweiten Republik, Innsbruck/Wien/Bozen 2006; Hanisch, Landschaft, 100–103. Siehe dazu auch die Aufsätze von Robert Groß, Katharina Scharf und Martin Schmid in diesem Heft.

Robert Groß

Kalorien, Kilowatt und Kreditprogramme. Das European Recovery Program (ERP) als Wendepunkt sozionaturaler Verhältnisse in Österreich?

1. Einleitung[1]

„Umweltgeschichte untersucht den Wandel sozionaturaler Verhältnisse."[2] Mit diesem Satz definiert Patrick Kupper das Programm der Umweltgeschichte als eine historische Teildisziplin, die auf die Interaktion sozialer und naturaler Prozesse in der Vergangenheit fokussiert.[3] Umwelthistoriker*innen interessieren sich dafür, wie sich menschliche Akteure auf jenen Teil der Welt bezogen, der gemeinhin als „Natur" bezeichnet wurde oder wird, aber auch für die Einflüsse von „Natur" auf die Geschichte der Menschen.[4] Wobei diese Dichotomisierung von „Gesellschaft" und „Natur" wiederum als Ausdruck einer Moderne zu sehen ist und keineswegs eine anthropologische Konstante darstellt, wie Bruno Latour zeigt.[5] Vor diesem Hintergrund stellen die 1950er-Jahre eine Zäsur für den gesellschaftlichen Umgang mit „Natur" dar.[6] Diese war in Österreich vom Ende des nationalsozialistischen Regimes, der Gründung der Zweiten Republik und dem Übergang von der Kriegs- zur Nachkriegsökonomie begleitet.

Ein in der Umweltgeschichte häufig zitiertes Argument für den Wandel sozionaturaler Verhältnisse stellt die 1994 von Christian Pfister formulierte These des „1950er Syndroms" dar:

1 Der Autor dankt den Gutachter*innen, dem Mitherausgeber Ernst Langthaler und den Kommentator*innen beim 14. Zeitgeschichtetag in Salzburg für die konstruktiven Beiträge.
2 Patrick Kupper, Umweltgeschichte, Göttingen 2021, 15.
3 Verena Winiwarter/Martin Schmid, Umweltgeschichte als Untersuchung sozionaturaler Schauplätze? Ein Versuch, Johannes Colers „Oeconomia" umwelthistorisch zu interpretieren, in: Thomas Knopf (Hg.), Umweltverhalten in Geschichte und Gegenwart. Vergleichende Ansätze, Göttingen 2008, 158–173.
4 Melanie Arndt, Umweltgeschichte, Docupedia-Zeitgeschichte, http://docupedia.de/zg/Arndt _umweltgeschichte_v3_de_2015 (abgerufen 11.10.2022).
5 Bruno Latour, Wir sind nie modern gewesen. Versuch einer symmetrischen Anthropologie, 1991.
6 Kupper, Umweltgeschichte, 144–170.

„Bis in die fünfziger Jahre bewegten sich Wirtschafts- und Lebensweise in Westeuropa auf einem Entwicklungspfad, der zumindest in mittelfristiger Perspektive keine bedrohlichen Züge trug. Nennenswerte Schädigungen der Umwelt blieben auf Inseln (schwer-)industrieller Verschmutzung und kohlebeheizte Metropolen wie London beschränkt."[7]

In den 1950er-Jahren nahm die Belastung der Umwelt aber deutlich zu. Die Ursache dafür sieht Pfister in der neuartigen Verfügbarkeit von Energie aus Erdöl, die damit einherging, dass Energie relativ zu den übrigen Lebenshaltungskosten immer billiger wurde. In der Folge akkumulierten sich lokal oder regional auftretende Industrialisierungsnebenwirkungen zu planetaren Bedrohungen wie dem Ozonloch oder dem Treibhauseffekt.[8]

In eine vergleichbare Kerbe wie Pfister schlug Anfang der 2000er-Jahre eine interdisziplinär zusammengesetzte Gruppe von Wissenschaftler*innen. Diese wurde von der „International Commission on Stratigraphy" beauftragt, Gründe zu finden, ob und warum die Erde in ein neues Zeitalter, das Anthropozän, eingetreten wäre.[9] Für den Zeitraum der 1950er-Jahre sprach ein Set von 24 sozioökonomischen und erdsystemischen Indikatoren, die den enorm gewachsenen Einfluss der Menschheit auf die Geosphäre belegen sollten. Dazu zählten etwa Energieverbrauch und CO_2-Emissionen, die seit 1950 allesamt exponentielles Wachstum zeigten. Die Arbeitsgruppe benannte diese Entwicklung als „Große Beschleunigung". Angetrieben wurde die „Große Beschleunigung" durch die Nutzung von Erdölprodukten in einer zunehmenden Zahl von Prozessen – vom Verbrennungsmotor bis zur Petrochemie.[10]

War Pfisters These des „1950er Syndroms" noch davon motiviert, historische Faktoren zu identifizieren, die erklärten, wie und warum sich Gesellschaften in die ökologische Krise hineinmanövriert haben, regte die Debatte um das Anthropozän Historiker*innen auch dazu an, die eigene Disziplin kritisch zu hinterfragen.[11] Von der Produktivität der Debatte zeugen zahlreiche Publikationen, wie die des Umwelthistorikers Adam Izdebski, der die Frage stellt, welche Geschichten Historiker*innen an der Schwelle zum Anthropozän überhaupt er-

---

7 Christian Pfister, Das 1950er Syndrom. Die Epochenschwelle der Mensch-Umwelt-Beziehung zwischen Industriegesellschaft und Konsumgesellschaft, in: GAIA 3 (1994) 2, 71–90, 76.

8 Ebenda.

9 Fabienne Will, Evidenz für das Anthropozän. Wissensbildung und Aushandlungsprozesse an der Schnittstelle von Natur-, Geistes- und Sozialwissenschaften, Göttingen 2021, 10–16.

10 Will Steffen et al., The trajectory of the Anthropocene. The great acceleration, in: The Anthropocene Review 2 (2015) 1, 81–98; Will Steffen et al., The Anthropocene: conceptual and historical perspectives, in: Philosophical Transactions of the Royal Society A 369 (2011) 1938, 842–867.

11 Helmuth Trischler, The Anthropocene, in: NTM Zeitschrift für Geschichte der Wissenschaften, Technik und Medizin 24 (2016) 3, 309–335.

zählen sollten.[12] Izdebski greift dabei einen verbreiteten Topos auf, demgemäß das Anthropozän einen neuartigen Lebenszusammenhang der Menschheit darstelle, vor dessen Hintergrund Fragen der Akteursmächtigkeit und Verantwortlichkeit neu zu stellen seien.[13] Das Ankommen der Menschen im Anthropozän erfordere, dass etablierte Narrative hinterfragt und Geschichten neu und aus interdisziplinärer Perspektive erzählt werden.[14] Ähnlich argumentiert Franz Mauelshagen, wenn er sagt, „wir brauchen heute eine Klimageschichte des 19. und 20. Jahrhunderts […], die aufzeigen kann, wie ‚der Mensch‘ zur geologischen Kraft geworden ist." Dieses Feld müsse von Zeithistoriker*innen bestellt werden, die „Gesellschaftsgeschichte und ‚Naturgeschichte‘ in einer Geschichte zweier großer Transformationen verbinden, die das Ergebnis einer einzigen, vielleicht unkontrollierbaren Dynamik ist."[15]

Die folgende Analyse verbindet die Erforschung der „Geschichte der Mitlebenden"[16] oder des Geschehens der jüngeren Vergangenheit[17] mit der Beobachtung, dass auch der gesellschaftliche Stoffwechsel (siehe dazu die Beiträge von Ernst Langthaler und Martin Schmid) der österreichischen Nationalökonomie in den 1950er-Jahren in eine „Große Beschleunigung" und das Anthropozän eintraten, was die österreichische Umweltgeschichte spezifisch prägte.[18] Dieser Übergang korrelierte zeitlich mit dem Ende der nationalsozialistischen Herrschaft, der Alliierten Besatzung und der Teilnahme am European Recovery Program (ERP), also einem historisch bemerkenswerten Kapital-, Technologie- und Wissenstransfer.[19] Historiker*innen haben sich seit den 1980er-Jahren intensiv mit dem Einfluss des ERPs auf die Nationalökonomien[20] oder die euro-

---

12 Adam Izdebski, What Stories Should Historians Be Telling at the Dawn of the Anthropocene?, in: Perspectives on Public Policy in Societal-Environmental Crises, Cham 2022, 9–19.

13 Andrea Westermann/Sabine Höhler, Writing History in the Anthropocene: Scaling, Accountability, and Accumulation, in: Geschichte und Gesellschaft 46 (2020) 4, 579–605.

14 Izdebski, What, 9–19.

15 Franz Mauelshagen, „Anthropozän". Plädoyer für eine Klimageschichte des 19. und 20. Jahrhunderts, in: Zeithistorische Forschungen 9 (2012) 1, 131–137.

16 Hans Rothfels, Zeitgeschichte als Aufgabe, in: Vierteljahrshefte für Zeitgeschichte 1 (1953) 1, 1–8.

17 Michael Gehler, Zeitgeschichte. In: Helmut Reinalter/Peter Brenner (Hg.), Lexikon der Geschichtswissenschaft, Wien 2011, 1127.

18 Vgl., Verena Winiwarter et al., Environmental Histories of Contemporary Austria: An Introduction, in: Marc Landry, Patrick Kupper und Verena Winiwarter (Hg.), Austrian Environmental History. New Orleans/Innsbruck 2018 (= Contemporary Austrian studies 27), 25–47.

19 Vera Zamagni, New Approach to Industry in Europe, in: Francesca Fauri/Paolo Tedeschi (Hg.), Novel Outlooks on the Marshall Plan. American Aid and European Re-Industrialization, Bern 2013, 13–18.

20 Vgl., Alan Milward, The Reconstruction of Western Europe, 1945–1951, London 1984.

päische Integration[21] auseinandergesetzt. Auch die visuelle Kultur der ERP-Propaganda und deren Wirkungen auf die Psychologie der Menschen oder die Machstrukturen[22] sowie Fragen der versteckten Integration des Kontinents durch Infrastrukturnetze[23] wurden diskutiert. Die umwelthistorische Auseinandersetzung steht aber noch am Anfang. Dass das ERP lokale, bestehende Umweltprobleme verstärkte, zeigte Sofie Pfannerer-Mittas in einer Fallstudie zum Einfluss der steirischen Papier- und Zelluloseindustrie auf die Wasserqualität der Mur.[24]

Die vorliegende Arbeit baut auf der These einer umwelthistorischen Zeitenwende während der 1950er-Jahre auf. Das ERP dient als Ausgangspunkt der Analyse der strukturellen Veränderungen in den Energiesystemen, der Landwirtschaft und den damit assoziierten Industrien, die zum Rückgrat des Wirtschaftswachstumes, aber auch zur Belastung der Umwelt wurden. Als Quellen für den ökologischen und meteorologischen Kontext dienen Wahrnehmungsberichte aus der österreichischen Presse und Sekundärliteratur. Die ERP-Projekte wurden anhand der zwischen 1948 und 1952 vierzehntägig von den ERP-Behörden herausgebrachten „ERP-Aktualitäten" und des Buchs „Zehn Jahre ERP in Österreich 1948–1958. Wirtschaftshilfe im Dienste der Völkerverständigung" analysiert. Diese Arbeit wurde 1958 im Auftrag der Bundesregierung veröffentlicht, besteht aus einer propagandistisch aufbereiteten Auflistung der ERP-Projekte und wurde für diesen Beitrag ausgewertet.[25] Des Weiteren fanden die seit 1945 vom Österreichischen Institut für Wirtschaftsforschung (WIFO) publizierten Monatsberichte sowie die Zeitschrift des Österreichischen Naturschutzbundes „Natur und Land" Verwendung, um die mittelfristigen ökologischen und ökonomischen Effekte des ERPs zu rekonstruieren.

Der Beitrag ist in drei Teile gegliedert. Im ersten Abschnitt werden die enormen Herausforderungen der Nahrungsmittel- und Energieversorgung während des Dürresommers 1947 beschrieben und der Wiederaufbau im Kontext der existierenden Umweltbedingungen analysiert. Der zweite Abschnitt diskutiert

21 Vgl., Ulfert Zöllner, An den Peripherien Westeuropas: Irland und Österreich und die Anfänge der wirtschaftlichen Integration am Beispiel des Marshall-Plans, Hildesheim 2022.

22 Vgl., Maria Fritsche, The American Marshall Plan Film Campaign and the Europeans: A Captivated Audience? London 2018; Günter Bischof/Dieter Stiefel (Hg.), Images of the Marshall Plan in Europe. Films, Photographs, Exhibits, Posters, Innsbruck 2009.

23 Frank Schipper, Driving Europe: Building Europe on roads in the twentieth century, Amsterdam 2008; Vincent Lagendijk, Electrifying Europe. The power of Europe in the construction of electricity, Amsterdam 2009.

24 Sofie Pfannerer-Mittas, The European Recovery Program in Austria and Its Impact on the Pulp and Paper Industry's Interaction with Water Resources along the River Mur, in: Journal of Austrian-American History 5 (2021) 1, 1–31.

25 Dieter Stiefel, „Thanks, Yank": The Propagandistic Success of the Book Zehn Jahre ERP in Österreich in the U.S. Media, in: Günter Bischof/Dieter Stiefel (Hg.), Images of the Marshall Plan in Europe. Films, Photographs, Exhibits, Posters, Innsbruck, 2009, 205–222.

den Einfluss des Dürresommers auf die vom ERP finanzierten Maßnahmen, die darauf abzielten, die Nahrungsmittel- und Energieversorgung zu verbessern und resilienter zu machen. Im dritten Abschnitt werden einige mittelfristige ökologische Konsequenzen des ERPs und des darauffolgenden Wirtschaftswachstums herausgegriffen.

2.   Das Krisenjahr 1947

In Österreich regelte seit 1945 ein Industrieplan die Reihenfolge der Wiederinstandsetzung der Industriezweige sowie die Vergabe von Geldern durch die Kreditlenkungskommission.[26] Schon 1946 konnte eine wirtschaftliche Erholung festgestellt werden. Aber insbesondere die verzögerte Wiederinstandsetzung der Verkehrsinfrastruktur und der Landwirtschaft machten das Land vulnerabel, wie sich 1947 zeigte. Die Nachfrage nach Lebensmitteln, Kohle und Strom wuchs deutlich. Gleichzeitig stockte der Nachschub. Dafür verantwortlich waren mangelhafte Transportmöglichkeiten sowie Ernte- und Energieausfälle infolge des außerordentlich heißen und trockenen Wetters.[27] Der Dürresommer 1947 wurde bereits von Zeitgenoss*innen als der niederschlagsärmste seit mindestens 130 Jahren eingestuft.[28] Tschechische Klimahistoriker*innen zeigten 2016, dass die Dürre von 1947 zu den drei am stärksten ausgeprägten Dürreereignissen seit 1880 zählte und sich von der iberischen Halbinsel über Zentraleuropa bis in die Türkei erstreckte.[29]

Die US-Alliierten beobachteten die außergewöhnliche Wetterlage zunehmend mit Sorge. Der spätere US-Außenminister und Architekt des ERP, Dean Acheson, meinte im Frühjahr 1947, dass auch extreme Wetterlagen Europa destabilisierten.[30] Der Krieg sei erst vorbei, wenn sich die Europäer*innen selbst ernähren und kleiden und vertrauensvoll in die Zukunft schauen könnten.[31] Auch George C. Marshall argumentierte in einer Rede vor dem Kongress im Herbst 1947, dass die außerordentliche Dürre den Wiederaufbau durch das ERP gefährdete,[32] was auch der britische Gesandte zu den ERP-Verhandlungen bestätigte.[33] Die Daten der

---

26 Felix Butschek, Österreichische Wirtschaftsgeschichte: von der Antike bis zur Gegenwart, Wien 2011, 267.
27 Ebenda, 271.
28 Franz Rosenauer, Das wasserarme Jahr 1947, in: Jahrbuch des Oberösterreichischen Musealvereines 93 (1948), 285–293.
29 Rudolf Brázdil et al., The Central European drought of 1947. Causes and consequences, with particular reference to the Czech Lands, in: Climate Research 70 (2016) 2–3, 161–178.
30 Acheson über die Ankurbelung der europäischen Wirtschaft, Der Bund, 9.5.1947, 2–3.
31 Ebenda.
32 Marshall für eine Sofort-Hilfe, Der Bund, 11.9.1947, 4.
33 Europa geht einer Katastrophe entgegen, Salzburger Volkszeitung, 18.10.1947, 1.

Ernährungs- und Landwirtschaftsorganisation der Vereinten Nationen (FAO) zeigten, dass viele europäische Länder beträchtliche Ernteverluste verzeichneten. Am stärksten waren Frankreich, Belgien, die Tschechoslowakei und Finnland betroffen, wo zwischen 30 und 40 Prozent weniger Weizen geerntet werden konnte. In Dänemark, Ungarn und Deutschland lag der Ernterückgang bei Weizen zwischen 25 und 30 Prozent.[34] In Frankreich, Italien, Belgien, Österreich und Deutschland riefen kommunistische Gruppierungen zu Hungermärschen und Proteststreiks auf.[35] Die Proteste wurden insbesondere vor der im Frühjahr 1947 formulierten Truman Doktrin von den US-Amerikanern als ernste Bedrohung wahrgenommen.[36]

Auch in Österreich nützten die Kommunisten die dürrebedingten Ernteausfälle für ihre Kritik an der praktizierten Nahrungsmittelbewirtschaftung. Diese Kritik verschärfte sich, als George C. Marshall am 5. Juni 1947 die Grundzüge des ERP präsentierte und die UdSSR ihren Rückzug verlautbarten.[37] Bundeskanzler Leopold Figl (ÖVP) und Vizekanzler Adolf Schärf (SPÖ) hätten nichts aus der Misere der Ernährungslage des Jahres 1946 gelernt.[38] Stattdessen hätten sie „Stätten der Korruption und Mißwirtschaft" geschaffen,[39] die die Gesundheit der Arbeiter*innenschaft gefährden und Großbauern schützen würde.[40] Die Kommunisten vermuteten, dass die Arbeiter*innenschaft nun vollends von US-Hilfslieferungen abhängig gemacht werden sollte.[41] Tatsächlich hatten die ERP-Agrarexperten anderes im Sinn. Das wurde deutlich, als die US-Administration den ersten Bericht des „Committee of European Economic Co-operation" ablehnte, da sich Europa viel zu stark auf Getreidelieferungen aus den USA verlassen würde. Die USA würde höchstens kurzfristig Getreide liefern. Der Fokus des ERPs müsse auf einer Verbesserung der Energieversorgung liegen, um die Produktivität von Industrie, Landwirtschaft und Transport zu heben.[42]

---

34 Brázdil et al., The Central European, 161–178, 174.
35 Proteststreiks in Frankreich, Salzburger Tagblatt, 9. 9. 1947, 3; Herbert Hover zur Europahilfe, Engadiner Post, 23. 9. 1947, 3; Belgische Eisen- und Stahlarbeiter im Streik, Salzburger Tagblatt, 9. 9. 1947, 3; Milward, The Reconstruction, 11–14.
36 Thorsten V. Kalijarvi, Introduction and Chronology of the Marshall Plan from June 5 to November 5, 1947, US Library of Congress, Legislative Reference Service, November 6, 1947 (unveröffentlichtes Manuskript), 18. Kopie im Besitz des Autors.
37 George C. Marshall, „Marshall-Rede" (Harvard University, 5. Juni 1947), in: Themenportal Europäische Geschichte, URL: www.europa.clio-online.de/quelle/id/q63-28407 (abgerufen am 11. 10. 2022).
38 Fast kein Brot in Salzburg, Salzburger Tagblatt, 29. 5. 1947, 1–3.
39 Neue Ernte – altes Manöver, Volksstimme, 27. 8. 1947, 1.
40 Fast kein, 29. 5. 1947, 1–3.
41 Neue Ernte, 27. 8. 1947, 1.
42 Timothy Mitchell, Carbon democracy. Political power in the age of oil, London 2013, 55; Alan Milward, zitiert in: Günter Bischof/Hans Petschar, Der Marshallplan. Die Rettung Europas & der Wiederaufbau Österreichs, Wien 2017, 127.

Die Ablehnung führte den europäischen Staatsregierungen vor Augen, dass es
die USA ernst mit der Ankündigung meinte, mit dem ERP keine Neuauflage der
„United Nations Relief and Rehabilitation Administration", kurz UNRRA,
schaffen zu wollen. Das ERP zielte auf die Expansion der Wirtschaft und die
Integration der Nationalökonomien ab, um demokratische Institutionen zu
fördern und den Kommunisten den Nährboden zu entziehen.[43] Das erforderte,
dass produktivitätssteigernde Maßnahmen umgesetzt wurden, die in weiterer
Folge die Interaktion zwischen sozialen und ökologischen Prozessen neu ordnen
würden, wie später gezeigt wird. Um aber die Auswirkungen der Dürre jenseits
der Lebensmittelknappheit erfassen zu können, ist der Blick auf die österreichische Elektrizitätswirtschaft und ihrer Versorgung mit Brennstoffen nötig.

2.1   „Regen bedeutet für Oesterreich Licht und warme Stuben"[44]

Der Dürresommer 1947 ließ zahlreiche Flüsse in Zentraleuropa zu Rinnsalen
zusammenschrumpfen.[45] Die Drau führte um ein Drittel weniger Wasser. In der
Mur und im Inn war die Durchflussmenge auf die Hälfte des langjährigen
Durchschnitts zurückgegangen, in der Enns auf 33 Prozent. Die Stromerzeugung
aus Wasserkraft war zwischen Anfang und Mitte August von 6 auf 3,6 Millionen
Kilowattstunden zurückgegangen.[46] Erste, großflächige Zusammenbrüche des
Stromnetzes traten im Juni 1947 in der Steiermark auf, worauf die energiein-
tensive Industrie ihre Maschinen nur mehr nachts betrieb, um das Netz zu entlasten. Mit fortschreitender Trockenheit erfasste die Energiekrise ganz Österreich.[47] Abhilfe schafften die mit deutscher Steinkohle befeuerten thermischen
Kraftwerke im Osten Österreichs. Niedrige Pegelstände beeinträchtigen aber
auch den Transport der Ruhrkohle über den Rhein und die Donau nach Österreich.[48] Schließlich musste der Transport gänzlich auf den Landweg umgestellt

---

43 Paris Report, Appraisal of Paris Report and Justification of Magnitude of Aid Recommended,
    RG 59, HCRF-ERP 1947–1950, National Archives at College Park MD, National Archives and
    Records Administration (NARA); Matthieu Leimgruber/Matthias Schmelzer, From the
    Marshall Plan to global governance. Historical transformations of the OEEC/OECD, 1948 to
    present, in: Matthieu Leimgruber/Matthias Schmelzer (Hg.), The OECD and the international
    political economy since 1948, Cham 2017, 23–61.
44 Wieder Kohlentransporte auf der Donau, Welt am Abend, 7. 11. 1947, 4.
45 Schon wieder Stromkatastrophe. Stromeinschränkungen auch für Haushalte geplant – Das
    Verbundnetz überlastet, Neue Zeit, 19. 6. 1947, 1.
46 Ranshofen wird völlig stillgelegt, Oberösterreichische Nachrichten, 25. 8. 1947, 1.
47 Vor weiteren Stromeinschränkungen. Trockenheit legt Wasserkraftwerke lahm – Heute keine
    Abschaltungen, Neue Zeit, 15. 8. 1947.
48 Wasserstand der Donau zwingt zum Bahntransport der Ruhrkohle, Salzburger Volkszeitung,
    29. 9. 1947, 2.

werden, was durch den Mangel an Eisenbahnwaggons erschwert wurde.[49] Die thermischen Kraftwerke konnten höchstens 2 Millionen Kilowattstunden beisteuern, viel zu wenig, um die dürrebedingten Ausfälle bei der Wasserkraft zu kompensieren.[50] An eine Ausweitung der Industrieproduktion war unter diesen Bedingungen nicht zu denken.

Die Energiekrise zwang das Bundesministerium für Energiewirtschaft Maßnahmen zur Entlastung des Netzes auszuarbeiten. Energieminister Karl Altmann war der letzte in der Regierung verbliebene Kommunist.[51] An ihm lag es nun abzuwägen, ob bei allen Stromkonsument*innen Einsparungen angeordnet oder einzelne Großabnehmer völlig vom Netz abgekoppelt werden sollten. Altmann entschied das Ranshofener Werk der Vereinigten Aluminiumwerke AG stillzulegen, was er damit begründete, dass die Anlage rund ein Zehntel der österreichischen Stromproduktion verbrauchte, aber gerade einmal 1.500 Menschen beschäftigte.[52] Außerdem seien Rückgänge in der Aluminiumproduktion leichter zu verkraften als bei Stahl, Maschinen oder Stickstoffdünger.[53]

Vier Tage nachdem Altmann die Ranshofener Direktion zur Stilllegung aufgefordert hatte, musste ein Viertel aller Produktionsstätten Österreichs abgeschaltet werden, um ein flächendeckendes Blackout in Österreich abzuwenden. Was war geschehen? Die Direktion in Ranshofen hatte die Aufforderung Altmanns schlicht ignoriert und war offenbar von ÖVP-Bundeskanzler Figl und dem Land Oberösterreich dabei gedeckt worden. Altmann habe Figl schon vor Monaten vor drohenden Engpässen gewarnt. Die ÖVP habe die Warnung aber als „Demagogie und Uebertreibung" abgetan, war in den Zeitungen der KPÖ zu lesen.[54] Zudem habe ÖVP-Minister Eduard Heinl (Handel und Wiederaufbau), verabsäumt, Kohlenlieferverträge mit Polen abzuschließen, sodass die überdurchschnittlich hohe Abhängigkeit von Ruhrkohle bestehen blieb.[55] Die Weigerung der Ranshofener Direktion wurde weit über die KPÖ hinaus mit Verständnislosigkeit aufgenommen. Daher stieß die erneute Aufforderung zur Stilllegung von Ranshofen auch auf breite, parteipolitische Zustimmung.[56] Gleichzeitig war den Beteiligten klar, dass nur eine lange Regenperiode Altmann

---

49 Genügend Waggons in Deutschland, Wiener Kurier, 29.8.1947, 2.
50 Ranshofen, 25.8.1947, 1.
51 Wolfgang Mueller, Die gescheiterte Volksdemokratie – Zur Österreich-Politik von KPÖ und Sowjetunion 1945 bis 1955, in: Jahrbuch für Historische Kommunismusforschung (2005), URL: https://www.kommunismusgeschichte.de/jhk/jhk-2005/article/detail/die-gescheiterte-volksdemokratie-zur-oesterreich-politik-von-kpoe-und-sowjetunion-1945-bis-1955 (abgerufen am 11.10.2022).
52 Jammervolle Stromversorgung, Oberösterreichische Nachrichten, 25.8.1947, 2.
53 Ranshofen, 25.8.1947, 1.
54 Betriebsstilllegungen diesmal schon im Sommer, Österreichische Volksstimme, 29.8.1947, 1.
55 Stromkrise, Neues Österreich, 30.8.1947, 1–2.
56 Weiter ernste Stromsituation, Österreichische Volksstimme, 30.8.1947, 1.

retten würde.[57] Der Energieminister war bei der Kohlenbeschaffung auf die ÖVP-Minister Eduard Heinl (Handel und Wiederaufbau), Peter Krauland (Vermögenssicherung und Wirtschaftsplanung) und den SPÖ-Minister Vinzenz Übeleis (Verkehr) angewiesen. Heinl und Übeleis waren dafür zuständig die Kohle einzukaufen und heranzuschaffen. Die Verteilung oblag Krauland.[58] Altmanns Erfolg hing also von Akteuren ab, die politisch vom Versagen des Energieministers profitierten.[59]

Ende September war die Dürre soweit fortgeschritten, dass der Kohlentransport auf der Donau wegen Niedrigwassers völlig eingestellt werden musste.[60] Auch am Rhein waren die Frächter gezwungen, die Transportkapazität um 75 Prozent zu reduzieren.[61] Gleichzeitig ignorierten immer mehr Industriebetriebe die von Altmann ausgearbeiteten Bestimmungen.[62] Schließlich sprangen Krauland und Figl dem Energieminister bei und appellierten an die Landeshauptleute, diese mögen für mehr Disziplin bei den Industriebetrieben sorgen,[63] was die Situation etwas verbesserte. Echte Entspannung trat erst Ende November mit einer langen Regenperiode ein. Der Transport der Ruhrkohle am Rhein und auf der Donau konnte wieder voll aufgenommen werden.[64] Energieminister Altmann konnte die vorläufige Bewältigung der Energiekrise aber nicht mehr für sich verbuchen. Er war am 20. November 1947 zurückgetreten.[65] Ihm folgte der Sozialist Alfred Migsch,[66] dem es nun im Rahmen des ERP oblag das Elektrizitätsnetzwerk Österreichs neu auszurichten und die latente Verletzlichkeit der Stromproduktion aufgrund der hohen Abhängigkeit von Wasserkraft und Importkohle zu senken.

---

57 Mehr Strom in diesem Winter, Salzburger Tagblatt, 9.9.1947, 1.
58 Die Finsternis, Volksstimme, 31.10.1947, 1–2.
59 Weiter, 30.8.1947, 1; Mueller, Die gescheiterte Volksdemokratie.
60 „Waggonkrieg" an der deutschen Grenze, Welt am Abend, 25.9.1947, 2; Wasserstand, 29.9. 1947, 2; Wieder Kohlentransporte, 7.11.1947, 4; Die Kosten des Marshall Plans, Welt am Abend, 30.10.1947, 4.
61 Tiefster Wasserstand seit 50 Jahren, Salzburger Volkszeitung, 18.10.1947, 2.
62 Alle kalorischen Werke arbeiten im Vollbetrieb, Neues Oesterreich, 18.10.1947, 2.
63 Alle kalorischen, 18.10.1947, 1.
64 Die ungünstige Transportlage im Ruhrgebiet, 2.12.1947, 5.
65 Peter Altmann, Koalition gegen das Volk, Salzburger Tagblatt, 11.12.1947, 1–2.
66 Müller, Die gescheiterte Volksdemokratie.

3. Mehr als Kaprun und Wasserkraft: Das ERP und die österreichischen Energiesysteme

Die Versorgung der Menschen mit hochwertiger Energie steht im Zentrum der sozionaturalen Verhältnisse Österreichs im 20. Jahrhundert. Das zeigt sich auch daran, dass die Formierung der österreichischen Umweltbewegung maßgeblich auf den Protest gegen Kraftwerksbauten zurückgeht. Das bekannteste Beispiel für die Auswirkungen des ERP auf den Energiesektor ist das Kraftwerk Kaprun, das mit 1,42 Milliarden Schilling gefördert wurde. Kaprun steht idealtypisch für die Prinzipien der Planungsbehörde „Tennessee Valley Authority", die während der Weltwirtschaftskrise in den USA gegründet wurde, um Arbeitslosigkeit, Rezession und Energiearmut in den ländlichen Regionen zu bekämpfen. Tatsächlich fanden bei den Tauernkraftwerken auch über 2.000 Menschen Arbeit.[67] Kaprun war aber nur eines von vielen vom ERP finanzierten Kraftwerke. Zwischen 1945 und 1956 gingen rund 1,3 Millionen Megawatt (MW) ans Netz. Davon stammten 0,9 Millionen MW aus mit ERP-Geldern teilfinanzierten Projekten, die insgesamt etwa 20.000 Menschen beschäftigen.[68] Der Anteil der Tauernkraftwerke Glockner-Kaprun daran lag bei 0,3 Millionen MW oder einem Drittel der vom ERP subventionierten Leistung.[69] Wobei der Vollständigkeit gesagt werden muss, dass Kaprun nicht geplant war um maximale Leistung zu liefern, sondern in den wasserarmen Wintern und bei Nachfragespitzen den Bedarf zu decken.[70]

Die Erfahrung des Dürresommers 1947 beeinflusste auch den Auf- und Umbau der österreichischen Stromversorgung mit ERP-Geldern. Erstens richteten die Architekten und Ingenieure die neu geplanten Laufkraftwerke vermehrt am Niedrigwasser aus, um diese auch in regenarmen Sommern oder trockenen Wintern betreiben zu können.[71] Auch in diesem Zusammenhang kann Kaprun als eine Anpassungsmaßnahme an Niedrigwasserstände in den Flüssen verstanden werden.[72] Zweitens verwendeten die Elektrizitätsversorger ERP-Gelder,

67 Georg Rigele, The Marshall Plan and Austria's Hydroelectric Industry: Kaprun. In: Günter Bischof/Anton Pelinka/Dieter Stiefel (Hg.), The Marshall Plan in Austria, New Brunswick 2000, 323–356.
68 Österreichs Produktion und Ausfuhr von elektrischer Energie gegenüber dem Vorjahr bedeutend gestiegen, ERP Aktualitäten, 26.5.1950, 3.
69 Karl Bechinie/Hermann Schnell, Die verstaatlichte Industrie Österreichs und die Schule, Wien, 1958, 29.
70 Georg Rigele, Der Marshall-Plan und Österreichs Alpen-Wasserkräfte. In: Günter Bischof/Dieter Stiefel (Hg.), „80 Dollar": 50 Jahre ERP-Fonds und Marshall-Plan in Österreich: 1948–1998, Wien 1999, 201–210.
71 N.N., Kraftwerksbau und Stromverbrauch, in: WIFO Monatsberichte 12 (1952), 357–365 u. 362–363.
72 Marc Landry, Continuity in the Electricity Supply of the Second Republic, in: Contemporary Austrian Studies, vol. 31, New Orleans 2022, 164, 177.

um den Anteil der thermischen Kraftwerkskapazitäten am gesamten Strommix zu erhöhen – ein Trend der unter anderen Vorzeichen bereits in der NS-Zeit zu beobachten war, immerhin waren thermische Kraftwerke rascher gebaut – und die Stromproduktion unabhängiger von der Wasserkraft zu machen. Die Leistung der mit ERP-Geldern errichteten thermischen Kraftwerke entsprach mit 0,3 Millionen MW etwa der von Kaprun oder einem Viertel der bis 1956 installierten Gesamtleistung.[73] Drittens verwendeten die Betreiber der thermischen Kraftwerke die ERP-Gelder, um diese auf inländische Braunkohle, Heizöl und Erdgas umzustellen. Technisch ließ sich das durch den Einbau von Kombibrennern bewerkstelligen, die je nach Preis und Verfügbarkeit mit Braunkohle oder Heizöl betrieben wurden. Durch die Umrüstung sank der Steinkohleverbrauch der Kraftwerke von 280.000 (1949) auf 97.000 Tonnen 1955. Gleichzeitig verdoppelte sich der Braunkohleverbrauch von 576.000 auf 1,3 Millionen Tonnen, der Heizölverbrauch versechsfachte sich von 16.000 auf 95.000 Tonnen und der Erdgaskonsum verzehnfachte sich von 23 auf 232 Millionen m^3.[74] Vordergründig argumentierten die ERP-Experten die Bevorzugung inländischer fossiler Energieträger mit der Ersparnis von Devisen.[75] Der Einsatz der Hybridtechnologien und der Umstieg von Stein- auf Braunkohle erlaubte aber auch eine vom Wasserstand der Flüsse unabhängigere Elektrizitätsproduktion.[76]

Der Umstieg auf österreichische Braunkohle wurde durch die Investition von etwa einer Milliarde Schilling in die Braunkohlezechen in der Steiermark, Kärnten, Ober- und Niederösterreich begünstigt, wovon rund die Hälfte (518,1 Millionen Schilling) von ERP-Konten stammte. Die Investitionen erlaubten die Ausweitung der Förderung von 2,4 auf 6,6 Millionen Tonnen.[77] Die Steigerung der Produktivität in den Kohlezechen kam auch dadurch zustande, dass der latente Mangel an Grubenarbeitern durch verschiedenste Arbeits- und Transportmaschinen wie Grubendiesellokomotiven, Lastkraftwagen oder Großbagger und elektrisch betriebene Förderbänder kompensiert wurde.[78] Menschliche und tierische Arbeitskraft wurde also durch Maschinen und technische Energie aus Strom, Kohle oder Erdölprodukten ersetzt.[79] Diese Form der Produktivitätssteigerung war im Rahmen des ERP auch in der Land-, Forst- und Bauwirtschaft sehr weit verbreitet.[80]

---

73 Bechinie/Schnell, Die verstaatlichte, 25–28.
74 Ebenda.
75 Fernheizwerk Klagenfurt seit 2 Jahren in Betrieb, ERP Aktualitäten, 9.1.1951, 2.
76 N.N., Strukturveränderungen im Brennstoffverbrauch thermischer Kraftwerke, in: WIFO Monatsberichte 8 (1961), 340–352.
77 Franz Tinhof (Hg.), Zehn Jahre ERP in Österreich 1948–1958. Wirtschaftshilfe im Dienste der Völkerverständigung, Wien 1958, 71.
78 Ebenda, 325–329.
79 Ebenda, 323, 253 u. 258.
80 Bischof/Petschar, Der Marshallplan.

Rohöl und Erdölprodukte spielten eine Schlüsselrolle bei der Entstehung und Durchführung des ERPs. Das Programm prägte die Beziehung zwischen Westeuropa und den erdölproduzierenden Ländern in Nordafrika und im Nahen Osten, aber auch die Energienutzung in Westeuropa.[81] Anders als andere durch das ERP geförderte Länder verfügte Österreich auch über eigene Erdölquellen, die bereits in der NS-Zeit relevant waren, siehe dazu der Beitrag von Ernst Langthaler. Das Land erhielt im Zuge der ERP-Lieferungen zwar Schmieröl und Benzin im Wert von 1,5 Millionen Schilling, die in den technisch veralteten Raffinerien der Sowjetischen Mineralölverwaltung nicht produziert werden konnten.[82] Zudem wurde die deutsche bzw. anglo-amerikanische Erdölindustrie Niederösterreichs aufgrund ihrer Übernahme durch die sowjetischen Besatzer bis 1955 nicht finanziell gefördert und kam auch später nicht in den Genuss von Geldern aus den ERP-Konten.[83] Eine Ausnahme bildete die Rohölaufschließungsgesellschaft (RAG), die nach ihrer Verstaatlichung 1947 ihre Aktivität nach Oberösterreich verlegte. In Folge setzte sich Oskar Bransky, der Erdölexperte des ERP dafür ein, dass der RAG Gerätschaften im Wert von 0,5 Millionen Schilling zur Verfügung gestellt wurden, um das Land unabhängiger von der Sowjetischen Mineralölverwaltung (SMV) zu machen. Die Erdölausbeute hielt sich in Grenzen. Dafür erschloss die RAG aber bald große Erdgasfelder.[84]

Aufgrund der sowjetischen Besatzung setzten die österreichischen Erdölförderungen aus dem ERP nicht bei der Erdölversorgung, sondern bei der Produktion von stationären Brennern und mobilen Verbrennungsmotoren an. Bei den stationären Verbrennern war es Firmen wie Unitherm oder die Garvenswerke, die sich nach 1945 auf die Produktion vollautomatischer Öl- und Kombibrenner, heizölbetriebener Industrieöfen und die für die Lagerung notwendigen Öltanks spezialisierten und ihre Produktion mit ERP-Geldern ausbauten.[85] Der Einbau von Kombibrennern wurde wiederum im Rahmen der ERP-Kredite für Industriebetriebe mit hohem Wärmebedarf gefördert, etwa in der Papier- und Zelluloseindustrie. Diese Technologie erlaubten den flexiblen Einsatz des jeweils

---

81 David S. Painter, The Marshall plan and oil, in: Cold War History 9 (2009) 2, 159–175; Robert Groß et al., How the European recovery program (ERP) drove France's petroleum dependency, 1948–1975, in: Environmental Innovation and Societal Transitions 42 (2022), 268–284.

82 Economic Cooperation Administration, Petroleum and Products, cumulative, April 3, 1948 – March 31, 1951, National Archives and Records Administration College Park MD, RG 469, Executive Secretariat, Intra-ECA Correspondence Petroleum, 1948–56, Box 9.

83 Walter M. Iber, Erdöl statt Reparationen. Die Sowjetische Mineralölverwaltung (SMV) in Österreich 1945–1955, in: Vierteljahrshefte für Zeitgeschichte 57 (2009) 4, 571–605; Walter M. Iber, Die sowjetische Mineralölverwaltung in Österreich. Zur Vorgeschichte der OMV 1945–1955, Innsbruck 2011.

84 Robert Groß, Verknappung, Krise und Import. Zur Geschichte der Erdgasabhängigkeit Ostösterreichs. In: Regionale Wirtschafts- und Sozialgeschichte im Zeitalter globaler Krisen, im Erscheinen.

85 Tinhof, Zehn Jahre, 161, 269.

billigeren Energieträgers, was die Betriebskosten in der Produktion senkte, während sich die Leistung der Industriebetriebe steigern ließ.[86] Auch bei der Produktion mobiler Verbrennungsmotoren unterschied sich der österreichische Weg deutlich von dem Frankreichs, Italiens oder Großbritanniens. Dort wurden ERP-Gelder in die Automobilindustrie investiert, etwa bei FIAT, Citroën, CIMA, SIMCA oder Ford.[87] In Österreich profitierte insbesondere die Zulieferindustrie vom ERP, wie die Jenbacher Motorenwerke oder die Tiroler Röhren- und Metallwerke, die Einspritzdüsen und Zylinder für Diesel- und Benzinmotoren erzeugten.[88]

Das ERP nahm bedeutenden Einfluss auf die österreichischen Energiesysteme, und zwar weit über die prestigeträchtige und propagandistisch vermarktete Wasserkraft hinaus. Diese Investitionen folgten dem Kalkül der Produktivitätssteigerung in den verschiedenen Wirtschaftsbereichen. Mehr hochwertige, aber preisgünstige Energie in Form von Strom und Erdölprodukten würde längerfristig die Produktionskosten senken und die Arbeiter*innenschaft von schweren körperlichen Arbeiten entlasten. Dies brachte es mit sich, dass das europäische Verbrauchsniveau an das US-amerikanische angeglichen wurde, wo pro Arbeitsstunde ein Vielfaches der in Europa eingesetzten Energiemenge verbraucht wurde.[89] Das bewirkte aber auch eine Abhängigkeit von Erdölprodukten, die sich irreversibel in die sozialen und ökologischen Prozesse der Zweiten Republik einschreiben sollte – wie im folgenden Abschnitt zur Landwirtschaft im ERP gezeigt wird.

3.1 Mit ERP-Geldern zur mechanisierten und chemisierten Landwirtschaft

Das ERP für die Landwirtschaft konzentrierte sich auf die Verbesserung der Agrarstatistiken, um die nationalen Mangelzustände versteh- und vergleichbar zu machen, sowie auf die wissenschaftlich-technische Transformation agrarischer Praktiken zum Zwecke der Produktivitätssteigerung.[90] Dafür wurden in

---

86 Pfannerer-Mittas, The European Recovery, 1–31; Mutual Security Agency (Hg.), European industrial projects, Paris 1953; Tinhof, Zehn Jahre, 213, 177, 135, 122 u. 284.

87 Mutual Security Agency, European industrial projects; Francesca Fauri, The Role of Fiat in the Development of the Italian Car Industry in the 1950's, in: Business History Review 70 (1996) 2, 167–206; Dominique Barjot/Emmanuel Dreyfus, The Impact of the Marshall Plan on the French Industry, in: Fauri/Tedeschi, Novel Outlooks, 133–164.

88 ECA-Hilfe ermoeglicht Nachkriegsrekord in der Produktion von Dieseleinspritzpumpen, ERP Aktualitäten, 26.5.1950, 3; Tinhof, Zehn Jahre, 55, 63 u. 76.

89 Mitchell, Carbon, 57.

90 William Biebuyck, Calories, tractors and ,technical agriculture'. Manufacturing agrarian cooperation within the OEEC (1947–1954), in: Decentring European Governance, London 2019, 17–43.

Österreich rund 7 Prozent des gesamten ERPs investiert, was einer Summe von 1,21 Milliarden Schilling entsprach. 11,34 Prozent (137 Millionen Schilling) dieses Budgets entfielen auf die Mechanisierung. Der Bund schoss zwischen 1950 und 1954 weitere 14,4 Millionen Schilling zu. Insgesamt gaben Österreichs Bauern 3,1 Milliarden Schilling für Traktoren- und Landmaschinenkäufe aus.[91] In Folge wurde die Zahl der Traktoren zwischen 1946 und 1953 verfünffacht, die der Ackerwagen vervierfacht und die der Motormäher verzehnfacht.[92] Ein Teil der Traktoren und Landmaschinen wurde im Rahmen des ERPs aus den USA nach Österreich geliefert.[93] Die Mehrzahl der zwischen 1950 und 1954 angeschafften Landmaschinen (zwischen 88 und 54 Prozent) und Traktoren (zwischen 94 und 80 Prozent) war aber „Made in Austria".[94] Häufig wurden diese zur gemeinschaftlichen Nutzung eingekauft, wie im Rahmen der Wiederaufbauaktionen der Landwirtschaftskammern von Salzburg[95] und des Burgenlands[96] oder des oberösterreichischen Lagerhauses.[97] Im Gegenzug konnten die USA ihre Nahrungsmittellieferungen nach Österreich reduzieren und die Bundesregierung die Nahrungsmittelbewirtschaftung aufheben.[98]

1953 formulierte die Firma Steyr-Daimler-Puch ein Mechanisierungsziel von 76.000 eingesetzten Traktoren in Österreich. Wollte man dieses Ziel erreichen, wäre das einem jährlichen Absatz von 6–7.000 Traktoren gleichgekommen.[99] Die rapide Motorisierung agrarischer Praktiken machte Bauern zu bedeutenden Treibstoffkonsumenten. 1952 konsumierten alle landwirtschaftlichen Maschinen in Österreich eine ähnlich große Menge Diesel wie der gesamte Autoverkehr und etwa die Hälfte des kommerziellen Frachtverkehrs.[100] Während sich Traktoren und Landmaschinen verbreiteten, verschwanden, wenn auch zeitversetzt, Zugtiere wie Arbeitspferde, Ochsen oder Esel von den Äckern und Wiesen des Landes. 1955 leisteten Traktoren erstmalig mehr Arbeit als Zugtiere, was von Agrarexperten aus zwei Gründen als Vorteil interpretiert wurde. Einerseits mussten Traktoren nicht gefüttert werden. Durch das Verschwinden der Zugtiere sparten Bauern also Landfläche für den Anbau von Futtermittel ein, die nun für

---

91 N.N., Die maschinellen Bruttoinvestitionen der österreichischen Landwirtschaft, in: WIFO Monatsberichte 6 (1955), 222–227, 224.
92 Tinhof, Zehn Jahre, 59.
93 Amerikanische Combines helfen Oesterreichs Bauern bei der Ernte, ERP-Aktualitäten, 21. 7. 1950, 4.
94 N.N., Die maschinellen, 225.
95 Tinhof, Zehn Jahre, 349.
96 Ebenda, 268.
97 Ebenda, 155.
98 N.N., Entwicklung und Zusammensetzung der Nahrungsmitteleinfuhr, in: WIFO Monatsberichte 10 (1952), 295–298, 297.
99 N.N., Die maschinellen, 225.
100 Economic Cooperation Administration, Country Data Book Austria, Paris 1950, 55.

den Anbau von Marktfrüchten genutzt werden konnten. So ließen sich die Ein-
künfte der Bauern verbessern, vorausgesetzt die Treibstoffpreise blieben dauerhaft niedrig.[101] Andererseits erlaubte die Mechanisierung die Aufrechterhal-
tung der bäuerlichen Produktion in jenen ländlichen Regionen, die stark von der
Landflucht betroffen waren.[102]

Die Traktorisierung der Landwirtschaft ordnete die sozionaturalen Verhältnisse in den österreichischen Kulturlandschaften neu. Wollte man die Traktoren
effizient einsetzen, mussten Hecken entfernt, nicht-geometrische Bodenformen
und Gewässerverläufe begradigt und Feuchtgebiete mittels Drainage trocken-
gelegt werden.[103] Dafür wurden aus dem ERP rund 250 Millionen Schilling be-
reitgestellt.[104] Insgesamt waren die Meliorationen[105] zwischen 1945 und 1952 so
erfolgreich, dass der Agrarexperte der US-amerikanischen ERP-Behörde bei
seinem Abzug verkündete, dass man in Österreich durch Landzusammenle-
gungen, Trockenlegungen, Gewässerregulierungen und Rodungen etwa 250.000
Hektar Land gewonnen hätte.[106] In diesem neu erschaffenen, „zehnten Bundesland" hatte die vom ERP angetriebene Mechanisierung durch Traktoren und
Landmaschinen nicht nur die Arbeits- und Flächenproduktivität, sondern auch
z. B. die Biodiversität dauerhaft verändert.

Merkmal der Landwirtschaft war bis in die 1950er-Jahre Energie in Form von
Nahrungsmitteln zu ernten. Die Landwirtschaft stellte also eine Energiequelle
dar. Im Zuge ihrer wissenschaftlich-technischen Neuausrichtung veränderte sich
das Verhältnis von Energieinput in die Landwirtschaft und Energieoutput in
Form von z. B. Nahrungsmittel oder Tierfutter, oder anders gesagt: Die Landwirtschaft konsumierte mehr Energie (als Treibstoff und Düngemittel) als sie
imstande war in Form von Biomasse der Gesellschaft zur Verfügung zu stellen.[107]
Das resultierte auch aus der Intensivierung des Mineraldüngereinsatzes, die im
Rahmen der ERP-Soforthilfe und anschließend durch die dauerhafte Subvention
aus dem ERP vorangetrieben wurde. In Folge steigerten die österreichischen
Bauern den jährlichen Kunstdüngerkonsum um etwa 20 Prozent. 1952 wurden
329 Prozent mehr Stickstoff, 192 Prozent mehr Phosphorsäure und 350 Prozent

---

101 N.N., Schlachtviehproduktion und Fleischversorgung, in: WIFO Monatsberichte 2 (1959),
    73–77, 77.
102 Mechanisierung der Landwirtschaft gegen Landflucht, ERP-Aktualitäten, 20. 7. 1951, 3.
103 N.N., Die maschinellen, 226.
104 Tinhof, Zehn Jahre, 56.
105 Ist ein vom lateinischen Begriff „melior" für „verbessern" abgeleiteter Begriff, der in
    Österreich für Maßnahmen verwendet wurde, die die Bodenfruchtbarkeit erhöhten.
106 Gute Fortschritte der Arbeiten zur Neulandgewinnung in Österreich, ERP-Aktualitäten,
    15. 6. 1951, 7–8; Gute Fortschritte der Glanregulierung, ERP-Aktualitäten, 13. 4. 1951, 5;
    Traunregulierung bannte Arbeitslosigkeit in Ebensee, ERP-Aktualitäten, 6. 4. 1951, 4.
107 Fridolin Krausmann, Milk, manure, and muscle power. Livestock and the transformation of
    preindustrial agriculture in Central Europe, in: Human Ecology 32 (2004) 6, 735–772.

mehr Kali als 1938 eingesetzt. Die Agrarexperten der OEEC schätzten, dass rund 70 Prozent der jährlichen Erntesteigerungen durch intensivierte Düngegaben erzielt wurden.[108] In Österreich profitierten vor allem die Stickstoffwerke Linz von der wachsenden Nachfrage nach mineralischem Kunstdünger, der aus Kohlengas synthetisiert wurde, das im Zuge der Produktion von Koks anfiel. Auch dieses Unterfangen wurde mit einem ERP-Kredit von 185 Millionen Schilling gefördert.[109]

In Österreich wurde Anfang der 1950er-Jahre etwa die Hälfte der Landesfläche agrarisch genutzt, vor allem in ländlichen, peripheren Regionen. Durch die wissenschaftlich-technische Transformation der Landwirtschaft mittels Ver- brennungsmotoren, Düngemittel und motorisierter Landmaschinen trugen die Agrarexperten und Bauern dazu bei, die Ernährungssicherheit der Nachkriegs- jahre herzustellen. Gerade durch die Landwirtschaft verbreiteten sich aber auch neuartige Technologien in ländlich, peripheren Gebieten,[110] die die Lebens- und Wirtschaftsweise prägten[111] und mit einer oft auch irreversiblen Transformation sozialer und ökologischer Prozesse einhergingen.

4.   Nachwehen kulturkonservativer Naturschutzkritik oder Vorboten der Ökowende?

Nach Ablauf des ERPs bilanzierten die Wirtschaftsexperten des WIFO, dass das Programm das Investitionsvolumen in Österreich je nach Berechnungsmethode um 32 bis 48 Prozent gesteigert hatte.[112] Das ERP stellte einem verarmten Land mit niedriger Sparquote reichlich Investitionsmittel zur Verfügung. Somit konnte deutlich mehr Geld in kürzerer Zeit investiert werden, als ohne ERP möglich gewesen wäre.[113] Das ERP verschob demnach die ökonomisch vorge- gebenen Grenzen des Wachstums und beschleunigte den Wiederaufbau, indem es die Verwirklichung einer größeren Zahl an Projekten in kürzerer Zeit er-

---

108 N.N., Der gegenwärtige Verbrauch an Kunstdünger und die Möglichkeiten seiner Intensi- vierung, in: WIFO Monatsberichte 9 (1952), 263–270, 263.

109 Tinhof, Zehn Jahre, 145.

110 Karsten Uhl, Technology in Modern Germany History. 1800 to the present, London, 151– 170.

111 John Martin/Ernst Langthaler, Paths to Productivism. Agricultural Regulation in the Second World War and Its Aftermath in Great Britain and German-Annexed Austria, in: Paul Brassley/Yves Segers/Leen Van Molle (Hg.), War, Agriculture, and Food. Rural Europa from the 1930s to the 1950s, New York 2012, 73–92.

112 N.N., Die wirtschaftliche Bedeutung des ERP-Counterpartfonds, in: WIFO Monatsberichte 5 (1953), 160–166.

113 Butschek, Österreichische Wirtschaftsgeschichte, 274.

möglichte. Zudem eröffnete das ERP einen Handlungsspielraum, innerhalb dessen Akteure neue Pfade einschlagen konnten.[114]

Gegen Ende des ERPs kippten die sozioökonomischen Verhältnisse in der jungen Republik von einer das Leben lähmenden Verknappung in einen Zustand, den Historiker*innen rückblickend als die „langen 1950er-Jahre" bezeichnen. Das Bruttoinlandsprodukt wuchs bis zum Ende dieses Jahrzehnts um 7 bis 8 Prozent pro Jahr. Der bereits im Rahmen des ERPs neu ausgerichtete Außenhandel expandierte außerordentlich. Eisen, Stahl und Holz wurden die wichtigsten Exportgüter, wobei das Exportvolumen jenes der Zwischenkriegszeit bei weitem übertraf. Wirtschaftsexperten meinten rückblickend auf den Wiederaufbau nach dem Ersten Weltkrieg:

> „Damals wurde der Ausgleich der Zahlungsbilanz durch eine fortschreitende Schrumpfung der Produktion und durch dauernde Senkung des Lebensstandards erreicht […]. Diesmal wollen wir es mit einer Vermehrung, Verbesserung und Verbilligung der Produktion durch zweckentsprechende Investitionen und Rationalisierung versuchen."[115]

In Folge des ERPs und der „langen 1950er-Jahre" brachte eine in Österreich bis dato für die meisten Zeitgenoss*innen unbekannte Konsumwelt in Form von Strümpfen, Autos, Motorrädern, Kühlschränken, Urlaubsreisen und koffeinhaltigen Brausegetränken.[116] Der großzügige und sorglose Einsatz fossiler Energieträger und mineralischer Kunstdünger, die Ausräumung von Kulturlandschaften und die Verbauung von Gewässerlandschaften wurden aber durchaus von kritischen Stimmen begleitet. Insbesondere während des ERPs kamen die Kritiker*innen häufig aus dem bildungsbürgerlichen Milieu – ein Zusammenhang, der bis ins frühe 20. Jahrhundert zurückreichte und im Reichsnaturschutzgesetz ihren Höhepunkt erlebte – die ästhetisch motivierte Naturschutzkritik in Polemiken, wie der folgenden verpackten:

> „Ich weiß nicht, ob Gott es war, der den Menschen die Erde zu eigen gegeben hat. In weiten Gebieten Österreichs jedenfalls geht man mit dem Lande um, als ob es uns vom Teufel anvertraut worden wäre."[117]

In den Augen des österreichischen Schriftstellers Alexander Lernet-Holenia existierte ein eklatanter Widerspruch zwischen dem Wiederaufbau von Kulturdenkmälern wie dem Wiener Stephansdom oder dem Burgtheater und dem Bau von Wasserkraftwerken.[118] Darauf wollte Lernet-Holenia aufmerksam machen.

---

114 N.N., Die wirtschaftliche Bedeutung, 160–166.
115 Roman Sandgruber/Herwig Wolfram, Ökonomie und Politik: österreichische Wirtschaftsgeschichte vom Mittelalter bis zur Gegenwart, Wien 1995, 473.
116 Ebenda, 471–477.
117 Alexander Lernet-Holenia, Es ist höchste Zeit!, in: Natur und Land 36 (1949), 29.
118 Ebenda.

Insbesondere die vom ERP-finanzierte Kraftwerksgruppe Reißeck oder die Kraftwerke Ybbs-Persenbeug, Braunau-Simbach und Kaprun standen aufgrund ihrer Mächtigkeit im Verdacht, das Landschaftsbild abzuwerten und die hydrologischen Verhältnisse in den angrenzenden Auwäldern dauerhaft zu stören.[119] Diese Kritik war Anfang der 1950er-Jahre aber nicht mehrheitsfähig und daher auch nicht in der Lage der beschleunigten Verbauung der Gewässerlandschaften etwas entgegenzusetzen.

Neben ästhetisch verklärender Naturromantik existierten auch wissenschaftlich fundierte Positionen, die auf die Nebenwirkungen des enorm gewachsenen Düngemitteleinsatzes aufmerksam machten.[120] Wurde intensiv gedüngt, verschwanden krautige, an magere Bodenverhältnisse angepasste Blütenpflanzen. Deren Platz wurde von rasch wachsenden Arten eingenommen, die mit dem hohen Nährstoffangebot zurechtkamen. Der vermehrte Einsatz von mineralischem Kunstdünger steigerte also den Biomasseertrag, ging aber zu Lasten der pflanzlichen Artenzusammensetzung.[121] Da besonders Insekten auf bestimmte Arten spezialisiert sind, verschwanden auch diese von mineralisch gedüngten Wiesen und Feldern, wie der österreichische Entomologe Max Dingler (1883-1961) 1957 in dem drastisch formulierten Appell „Falterlose Welt!"[122] feststellte. Dieser Artikel wurde in den Naturschutzmedien breit rezipiert. Im Gegensatz zu Rachel Carsons Weckruf „Der stumme Frühling" (1962), der ein Gründungsereignis der modernen Umweltbewegung darstellte, war Dinglers Appell von einem antimodernistischen Zugang geprägt, der sich aus seiner Biografie erklärt. Dingler war nicht nur ein renommierter Entomologe und Honorarprofessor an der Ludwig-Maximilians-Universität in München, sondern auch glühender Nationalsozialist, für den das Ende der Ostmark die größtmögliche Schmach und Schande darstellte.[123]

Der Österreicher Franz Herbert widmete sich ebenso dem unkritisch eingesetzten mineralischen Kunstdünger, sah darin aber vor allem auch ein Problem für die Bodenqualität. Herbert habilitierte 1944 in Zoologie an der Universität Graz und bekleidete seit 1952 den Lehrstuhl für Geologie und Bodenkunde an

---

119 R.K., Wieder ein Großkraftwerk in Angriff genommen, in: Natur und Land 7 (1947), 188; Steinparz, Sterbende Auen, in: Natur und Land, 11 (1949), 198; Robert Röhrl, Eine Au stirbt, in: Jahrbuch des Vereins zum Schutze der Alpenpflanzen und -Tiere 18 (1953), 78–85; F.J., Kaprun – größte Talsperre Europas, in: Natur und Land 36 (1949), 16.
120 Alwin Arndt, Veränderung eines Pflanzenbestandes durch Düngung. In: Mitteilungen der floristisch-soziologischen Arbeitsgemeinschaft 3 (1952), 125–129.
121 Robert Groß, Die Beschleunigung der Berge. Eine Umweltgeschichte des Wintertourismus in Vorarlberg/Österreich (1920–2010), Wien 2019, 212–228.
122 Max Dingler, Falterlose Welt. Ein Notruf und eine Anregung, in: Jahrbuch des Vereins zum Schutze der Alpenpflanzen und -tiere 55 (1957), 150–163, 156.
123 Wolfgang Riedel, Max Dingler 1883–1961. Ein Beitrag zur bayerischen Literaturgeschichte, Würzburg 2021.

der Universität für Bodenkultur in Wien.[124] Im Rahmen dessen führte Herbert erste Langzeitstudien durch, die zeigten, dass mineralischer Kunstdünger die Zahl der Bodenorganismen deutlich reduzierte und dadurch die Regenerationsfähigkeit der behandelten Böden störte.[125] Auch diese Studienergebnisse wurden in den Naturschutzmedien einer breiteren Öffentlichkeit zugänglich gemacht, änderten aber nichts am großflächigen Kunstdüngereinsatz. Anfang der 1960er-Jahre durchgeführte Erhebungen zeigten stattdessen, dass Bauern bereits mehr Kunstdünger ausbrachten, als der Boden überhaupt aufnehmen konnte. Die überschüssigen Mengen gelangten ins Grundwasser[126] und riefen in Teichen und Seen Algenblüten hervor,[127] die zu Sauerstoffmangel und toten Gewässern führten.[128] Vor diesem Hintergrund ist auch das 1959 in Österreich beschlossene Wasserrechtsgesetz zu sehen, dass die rechtliche Grundlage für den Bau kommunaler Kläranlagen seit den 1960er-Jahren bildete.[129]

Das Wasserrechtsgesetz von 1959 berührte auch die Belastung von Grund- und Oberflächenwasser mit erdölbasierten Treibstoffen. Deren Verbrauch versechsfachte sich zwischen 1948 und 1954, was die Errichtung eines Tankstellennetzes und größerer Tankanlagen nötig machte. Die Firma BP betrieb beispielsweise 1957 österreichweit 384 Tankstellen.[130] Ein Jahr später waren allein in Kärnten 48 Tankbauten mit einem Volumen von rund 1 Million Liter geplant.[131] Diese Anlagen wurden mit Tanklastwagen versorgt, die durch die entlegensten Talschaften fuhren.[132] Alleine in der Steiermark verunfallten zwischen 1960 und 1966 insgesamt 80 Tanklastkraftwagen.[133] Bedenkt man, dass ein Liter Diesel rund 1 Million Liter Grundwasser verschmutzen konnte, wird deutlich, dass der Umstieg auf

124 Manfred A. Jäch, Univ. Prof. DI DDr. h.c. Herbert Franz zum 90. Geburtstag, in: Koleopterologische Rundschau 68 (1998), 1–22.
125 Franz Herbert, Dauer und Wandel der Lebensgemeinschaften, in: Schriften zur Verbreitung naturwissenschaftlicher Kenntnisse Wien 93 (1953), 27–45.
126 A. Zeller, Wasser und Bewässerung in der Landwirtschaft, in: Wasser und Abwasser (1965), 21–34.
127 Reinhard Liepolt, Die Verunreinigung des Zellersees, in: Wasser und Abwasser (1957), 9–38; Reinhard Liepolt, Aufgaben und Arbeitsziele der Bundesanstalt für Wasserbiologie und Abwasserforschung, in: Österreichs Fischerei 4 (1951), 265–270.
128 Liepolt, Verunreinigung, 9–38; Liepolt, Aufgaben 265–270.
129 Wasserrechtsgesetz 1959, Republik Österreich, URL: https://www.ris.bka.gv.at/Dokumente /BgblPdf/1959_215_0/1959_215_0.pdf (abgerufen am 11.10.2022).
130 Ortrun Veichtlbauer, Environmental History Timeline Austria – Zeittafel zur Umweltgeschichte Österreichs seit 1945, Stand Mai 2007, URL: https://boku.ac.at/fileadmin/data/the men/Zentrum_fuer_Umweltgeschichte/Links/ETA.pdf (abgerufen am 21.9.2022).
131 Otto Jilg, Die Gefährung unserer Quell- und Grundwasservorkommen durch Tankstellenbauten und Treibstofflager, in: Wasser und Abwasser (1959), 41–51.
132 Roland Buksch, Gewässerschutz und Mineralöl unter besonderer Berücksichtigung der Landwirtschaft, in: Wasser und Abwasser (1965), 214–219.
133 Franz Schönbeck, Der Gewässerschutz in der Steiermark, in: Naturschutzbrief – Natur- und Landschaftsschutz in der Steiermark 34 (1966), 10–14.

Erdölprodukte bei unsachgemäßer Handhabung die Wasserressourcen gehörig unter Druck setzen konnte.[134]

Die Rolle der Politik während der Nachkriegsjahre bestand in erster Linie darin, die frühen Warnungen von Naturschützer*innen und Wissenschaftler*innen zu ignorieren und Investitionsanreize zu setzen, die das ERP und die ERP-Gegenwertkonten ergänzten, um das Wirtschaftswachstum hoch und die Arbeitslosenquote niedrig zu halten.[135] Und während Unternehmer und Industrielle aus ganz Österreich relativ leicht an billige ERP-Kredite gelangten, wurde ein entsprechender Antrag vom Österreichischen Naturschutzbund 1949 mit Verweis auf die fehlende Relevanz des Naturschutzes für die Wirtschaft vom Bundesministerium für Handel und Wiederaufbau abgelehnt.[136] Gleichzeitig versuchte der Staat mittels einer Reihe naturschutzrelevanter Gesetze den sich wandelnden sozionaturalen Verhältnissen Rechnung zu tragen. Bereits in den späten 1940er-Jahren wurde eine Pflanzenschutzmittelverordnung oder ein Bundesgesetz zum Umgang mit brennbaren Flüssigkeiten erlassen. Anfang der 1950er-Jahre folgten eine Aktualisierung des Kommassierungsrahmengesetz von 1883 und ein Futtermittelgesetz sowie die ersten Müllabfuhrgesetze.[137] 1953 wurden die Krimmler Wasserfälle vor der elektrizitätswirtschaftlichen Nutzung bewahrt, 1955 folgte die Einrichtung des Landschaftsschutzgebietes Wachau und 1959 das schon erwähnte Wasserrechtsgesetz.[138] Diese Maßnahmen konnten der ambivalenten Dynamik der „Großen Beschleunigung" aber wenig entgegensetzen. Neben dieser naheliegenden Interpretation ließe sich auch danach fragen, ob die in den Naturschutzaktivitäten implizierte Zonierung und Konzentration auf bestimmte, als schützenswert definierte Flächen, der Großen Beschleunigung Vorschub leistete, indem sie nicht geschützte Fläche der totalen Transformation preisgab? Die dargelegten Argumente zeigen aber, dass die Gesellschaft der 1950er-Jahre keine homogene Ansammlung unkritischer Fortschrittsoptimist*innen und Wachstumsverfechter*innen darstellte, sondern, dass die Transformation der sozionaturalen Verhältnisse Kritik aus ganz unterschiedlichen politischen Lagern zur Folge hatte.

---

134 Curt Fossel/Wilhelm Reisinger, Naturschutz im Alltag, in: Natur und Land 4 (1967), 97–101.
135 Marina Fischer-Kowalski/Harald Payer, Fünfzig Jahre Umgang mit Natur. In: Reinhard Sieder/Heinz Steinert/Emmerich Talos (Hg.), Österreich 1945–1995. Gesellschaft, Politik, Kultur, Wien 1995, 295–298.
136 Österreichisches Staatsarchiv, Archiv der Republik, BMfHuW, FV 12/1949 Zl. 105.908/V-23b/1402/49.
137 Bei vielen dieser Gesetzgebungen handelte es sich um Wiederinkraftsetzungen, da diese nach dem Annexion Österreichs und Befreiung 1945 an den neuen staatspolitischen Kontext angepasst werden mussten.
138 Veichtlbauer, Environmental History Timeline.

5.   Resümee

In diesem Beitrag diente das ERP als Ausgangspunkt für die Analyse der sich Mitte des 20. Jahrhunderts rapide wandelnden sozionaturalen Verhältnisse in Österreich, die in der Umweltgeschichte mit den Modellen des „1950er Syndroms" oder der „Großen Beschleunigung" beschrieben werden. Eine solche Analyse darf sich aber weder in der Analyse politischer Ereignisse noch der quantitativen Langzeitperspektive der Umweltwissenschaften erschöpfen, da sich ihr eigentliches Potential erst in der Kombination beider Zugänge entfalten kann. Diese Mittelposition erlaubt es, die Dürre von 1947 als geschichtsmächtige Kraft in die Analyse zu integrieren und aufzuzeigen, dass Extremwetterereignisse in der Lage sind, die Entscheidung der Akteure und damit zukünftige Entwicklungen zu beeinflussen. Das soll nicht bedeuten, dass die Dürre 1947 den Ausschlag für das ERP gegeben hätte. Die Analyse zeigt aber, dass die daraus resultierenden Engpässe in der Lebensmittelversorgung von den jeweiligen Parteien instrumentalisiert wurden, was im antikommunistischen Klima des eskalierenden Kalten Krieges von den USA im Sinne einer Aufforderung zur politischen Koordination des Wiederaufbauprogramms interpretiert wurde. Der Dürresommer 1947 stellte auch jenen Erfahrungshorizont dar, vor dessen Hintergrund historische Akteure Entscheidungen trafen. Dies zeigt sich insbesondere in der österreichischen Elektrizitätswirtschaft, wo beim Wiederaufbau der thermischen und Wasserkraftwerke der Fokus auf inländische Braunkohle und technische Anpassungen gelegt wurde. Beide Maßnahmen machten die Stromproduktion unabhängiger vom Wasserstand in den Flüssen.

   Zudem zeigt der umwelthistorische Zugang zum ERP, dass die Produktivitätssteigerungen in Industrie und Landwirtschaft zu einem Gutteil auf den steigenden Einsatz von Energie basierten, die aus verschiedenen Quellen gewonnen wurde. Das ERP prägte also über Handelsliberalisierungen und der Integration westeuropäischer Nationalökonomien zu einem Großhandelsraum nicht nur die Einbettung Österreichs in die westliche Hemisphäre, sondern beschleunigte darüber hinaus den Umstieg der Industrie und Landwirtschaft auf fossile Energieträger. Daraus erklärt sich, dass die Produktivitätssteigerungen nicht nur hohe Wirtschaftswachstumsraten, sondern auch sozialökologische Nebenwirkungen zur Folge hatten, die wiederum von zeitgenössischen, naturschutzmotivierten Kritiker*innen beobachtet und beschrieben wurden. Die Naturschutzkritik während der langen 1950er-Jahre stellte bestenfalls eine Verlängerung der Aktivitäten der ersten Hälfte des Jahrhunderts dar und blieb weit hinter dem Potential späterer Jahrzehnte zurück. Nichtsdestotrotz sind sie als eine wichtige Bedingung der Möglichkeit der sogenannten Ökowende der 1970er-Jahre zu verstehen. Gerade dieser letzte Abschnitt zeigt das große Potential für den Dialog und die Kooperation zwischen Zeit- und Umweltgeschichte auf, um jenen Konstellationen und Sachzwängen auf den Grund zu gehen, die effektives Umwelthandeln begünstigten oder erschwerten.[139]

---

139 Robert Groß, Zeitgeschichte und Umweltgeschichte, in: Marcus Gräser/Dirk Rupnow (Hg.), Österreichische Zeitgeschichte–Zeitgeschichte in Österreich, Wien 2021, 618–637.

Martin Schmid

Krise? Welche Krise? Die 1970er-Jahre in Österreich aus umwelthistorischer Perspektive

I. Einleitung

Die 1970er-Jahre gelten gemeinhin als krisenhaftes Jahrzehnt, was nicht nur an Ölpreiskrisen und Terror, sondern auch an der weitreichenden Deutungshoheit bestimmter ökonomischer Zugänge für historischen Wandel liegt.[1] Gängige ökonomische Indikatoren wie Wachstum des Bruttoinlandsprodukts, Arbeitslosenzahlen und Staatsverschuldung, Beschäftigungsquote und Kaufkraft dominieren den Blick auf Gesellschaft und Politik gerade in diesem Jahrzehnt. Tatsächlich kam in den 1970er-Jahren eine nur etwas mehr als zwanzig Jahre andauernde Nachkriegsphase exponentiellen Wachstums von Naturverbrauch (vulgo „Wirtschaftswunder") an ein Ende.[2] Dieses Jahrzehnt gilt zugleich, in Österreich mit Blick auf die „Ära Kreisky", als Phase gesellschaftlichen Aufbruchs, von Demokratisierung und Modernisierung.[3] UmwelthistorikerInnen betonen die in den 1970er-Jahren einsetzende „ökologische Wende", den Auftakt zu einer „Ära der Ökologie" in der sich Umweltbewegung und Umweltpolitik formiert und in den folgenden zwei Jahrzehnten auch etabliert hätten.[4]

1 Stefania Barca, Energy, Property, and the Industrial Revolution Narrative, in: Ecological Economics 70 (2011) 7, 1309–1315; Matthias Schmelzer, The growth paradigm: History, hegemony, and the contested making of economic growthmanship, in: Ecological Economics 118 (2015), 262–271, URL: https://doi.org/10.1016/j.ecolecon.2015.07.029.
2 Felix Butschek, Statistische Reihen zur österreichischen Wirtschaftsgeschichte: Die österreichische Wirtschaft seit der industriellen Revolution (WIFO Studies, EconPapers), Wien 1999, URL: https://EconPapers.repec.org/RePEc:wfo:wstudy:8206 (abgerufen 30. 11. 2022).
3 Maria Mesner, Zäsuren und Bögen, Grenzen und Brüche, Zeit- und Geschlechtergeschichte. Österreich in den 1970er Jahren, in: Lucile Dreidemy/Richard Hufschmied/Agnes Meisinger/Berthold Molden/Eugen Pfister/Katharina Prager/Elisabeth Röhrlich/Florian Wenninger/Maria Wirth (Hg.), Bananen, Cola, Zeitgeschichte. Oliver Rathkolb und das lange 20. Jahrhundert, Wien 2015, 1003–1012, URL: https://doi.org/10.7767/9783205203353-080; Marina Fischer-Kowalski, Social Change in the Kreisky Era, in: Günter Bischof/Anton Pelinka (Hg.), The Kreisky Era in Austria, New Brunswick/London 1994, 96–118.
4 Joachim Radkau, Die Ära der Ökologie. Eine Weltgeschichte, München 2011; Jens-Ivo Engels, Umweltgeschichte als Zeitgeschichte, in: Aus Politik und Zeitgeschichte 13 (2006), 32–38;

Dieser Beitrag nähert sich diesem Jahrzehnt aus einer sozial-ökologischen Perspektive und versucht diese unterschiedlichen Befunde – stagnierendes Wirtschaftswachstum, gesellschaftspolitischer Aufbruch und ökologische Wende – aufeinander zu beziehen. Die ökologischen Rahmenbedingungen einer physischen (d. h. nicht bloß monetär konzipierten) Ökonomie müssen dafür mit sozialen, kulturellen und kommunikativen Verhältnissen gemeinsam diskutiert werden. Die konzeptuellen Instrumente der Sozialen Ökologie dafür sind insbesondere sozialer Metabolismus (der „Stoffwechsel" eines sozialen Systems, das über materielle und energetische Flüsse mit seiner Umwelt verbunden ist), Kolonisierung natürlicher Systeme (d. h. intentionale und dauerhafte Eingriffe in Natur, um deren Nutzen zu erhöhen) und kulturelle Programme im Umgang mit Natur.[5]

Retrospektiv können die 1970er-Jahre als eine markante und kritische (im Sinne von entscheidende) späte Phase der im 19. Jahrhundert einsetzenden Transition von einem agrarischen in ein industrielles sozial-metabolisches Regime charakterisiert werden.[6] Denn nun kam es zu einer „relativen Entkopplung" von Wirtschaftswachstum und Ressourcenverbrauch. Während die Wirtschaft weiterwuchs, wenn auch langsamer als während der „Wirtschaftswunderjahre", pendelte sich der Ressourcenverbrauch erst einmal auf dem erreichten hohen Niveau ein.[7]

Die in den 1970er-Jahren erfolgten Pfadentscheidungen, auch die damals denk- und diskutierbar gewordenen aber nicht gewählten Optionen (Stichwort „Grenzen des Wachstums") wirken bis in die von zaghafter Klimapolitik und Energieversorgungskrisen gekennzeichnete Gegenwart nach. In einem immer weniger von Kohle und mehr von Öl und Gas abhängigen fossilen Energiesystem

---

Melanie Arndt, Umweltgeschichte, Docupedia-Zeitgeschichte, URL: https://doi.org/10.14765/ ZZF.DOK.2.703.V3.

5 Ich gehe auf diese Begriffe in Abschnitt III meines Beitrags näher ein; wichtige Referenzen zur Einführung in die Konzepte der Sozialen Ökologie, die als interdisziplinäre Umweltwissenschaft auf der analytischen (nicht ontologischen!) Unterscheidung zwischen naturalen und sozialen Systemen basiert, sind: Marina Fischer-Kowalski/Helga Weisz, The Archipelago of Social Ecology and the Island of the Vienna School, in: Helmut Haberl/Marina Fischer-Kowalski/Fridolin Krausmann/Verena Winiwarter (Hg.), Social Ecology. Society-Nature Relations across Time and Space (Human Environment Interactions 5), Cham 2016, 3–28, URL: https://doi.org/10.1007/978-3-319-33326-7_1; Marina Fischer-Kowalski/Karl-Heinz Erb, Core Concepts and Heuristics, in: Helmut Haberl/Marina Fischer-Kowalski/Fridolin Krausmann/ Verena Winiwarter (Hg.), Social Ecology. Society-Nature Relations across Time and Space (Human Environment Interactions 5), Cham 2016, 29–61, URL: https://doi.org/10.1007/978-3-319-33326-7_2.

6 Helmut Haberl/Karl-Heinz Erb/Fridolin Krausmann/Maria Niedertscheider, Global Energy Transitions. A Long-Term Socioeconomic Metabolism Perspective, in: Barry D. Solomon/ Kirby E. Calvert (Hg.), Handbook on the Geographies of Energy, Northampton 2017, 393–410, URL: https://doi.org/10.4337/9781785365621.00039.

7 Siehe dazu ausführlicher und mit Referenzen Abschnitt III.

stagnierten ab Mitte der 1970er-Jahre für immerhin etwa zwei Jahrzehnte Material- und Energieverbrauch pro Kopf auf hohem Niveau.[8] Das gleiche gilt auch für die Treibhausgasemissionen.[9] Die Wirtschaft wuchs weiter, wenn auch mit rückläufigem Trend, also deutlich langsamer.[10] Die Sozialpartnerschaft als Mechanismus zur Verteilung von Wohlstandszuwächsen geriet aufgrund sinkender Wachstumsraten unter Druck, ab den 1980er-Jahren auch durch aufkommende neoliberale Diskurse.[11] In den gesellschaftlichen Konflikten um ein zukünftiges Energiesystem, zuerst um Zwentendorf und wenige Jahre später um Hainburg, war es weitgehender Konsens zwischen den Sozialpartnern, dass Beschäftigung Wirtschaftswachstum braucht und dafür stetig steigende billige Energiezuflüsse notwendig sind.[12] Nicht zuletzt gegen diesen vermeintlichen Sachzwang formierten sich die neuen Umweltbewegungen.[13] In der Lesart Günter Bischofs ersetzte im Zwentendorf-Volksentscheid 1978 und in der Besetzung der Hainburger Au 1984 eine postmaterialistische „Logik der ökologischen Bewegung" eine von Wirtschaftswachstum gekennzeichnete „Logik der Sozialpartner".[14] Aus einer umwelt- und zeitgeschichtlichen Perspektive entsteht das Bild eines janusköpfigen Jahrzehnts: gesellschaftlicher Aufbruch und Demokratisierung in Form von Bildungs-, Familienrechts-, Strafrechts- und anderen Reformen ei-

---

8 Benjamin Warr/Robert U. Ayres/Nina Eisenmenger/Fridolin Krausmann/Heinz Schandl, Energy use and economic development. A comparative analysis of useful work supply in Austria, Japan, the United Kingdom and the USA during 100 years of economic growth, in: Ecological Economics 69 (2010) 10, 1094–1917; Marina Fischer-Kowalski/Daniel Hausknost/ Dominik Wiedenhofer/Fridolin Krausmann/Nikolaus Possanner, The 1970s Syndrome. Structural change from rising to stagnating energy consumption in mature industrial economies, in: Marina Fischer-Kowalski/Daniel Hausknost (Hg.), Large scale societal transitions in the past. The Role of Social Revolutions and the 1970s Syndrome (Social Ecology Working Papers 152), Vienna 2017, 38–60.
9 Karl-Heinz Erb/Helmut Haberl/Fridolin Krausmann, The fossil-fuel powered carbon sink. Carbon flows and Austria's energetic metabolism in a long-term perspective, in: Marina-Fischer-Kowalski/Helmut Haberl (Hg.), Socioecological Transitions and Global Change: Trajectories of Social Metabolism and Land Use (Advances in Ecological Economics), Cheltenham (UK)/Northampton (USA), 2007, 60–82.
10 Butschek, Statistische Reihen.
11 Stephan Pühringer/Christine Stelzer-Orthofer, Neoliberale Think-Tanks als (neue) Akteure in österreichischen gesellschaftspolitischen Diskursen. Die Beispiele des Hayek-Instituts und der Agenda Austria, in: SWS-Rundschau 56 (2016) 1, 25–96, URL: https://nbn-resolving.org /urn:nbn:de:0168-ssoar-59771–5 (abgerufen 30. 11. 2022).
12 Exemplarisch: Herbert Kienzl, Wirtschaftswachstum und Energieverbrauch, ORF Mittagsjournal, 30. 3. 1977, URL: https://www.mediathek.at (abgerufen 30. 11. 2022).
13 Martin Schmid/Ortrun Veichtlbauer, Vom Naturschutz zur Ökologiebewegung. Umweltgeschichte Österreichs in der Zweiten Republik (Österreich – Zweite Republik. Befund, Kritik, Perspektive 19), Innsbruck/Wien/Bozen 2007.
14 Günter Bischof, Zweite Republik, in: Marcus Gräser/Dirk Rupnow (Hg.), Österreichische Zeitgeschichte – Zeitgeschichte in Österreich, Wien 2021, 160–177, URL: https://doi.org/10. 7767/9783205209980.160.

nerseits,[15] Massenmotorisierung, Massenkonsum, Massentourismus und eine sich bahnbrechende Wegwerfgesellschaft andererseits.[16]

Zur Modernisierung der Ära Kreisky gehörten auch die neuen großen Einkaufszentren an den Stadträndern als zunehmend selbstverständliche Infrastruktur im vom Automobil geprägten Alltag der Konsumgesellschaft, weiter steigende PKW-Zulassungs- und Fluggastzahlen[17] und ein unübersehbares und weitgehend ungelöstes Abwasser- und Abfallproblem.[18] Kurz und in sozialökologischer Terminologie gesagt: Die in der Konsumgesellschaft angeschwollenen metabolischen Flüsse und Bestände hatten ihre Kehrseite im steigenden Naturverbrauch auf der Input- und der zunehmenden Naturbelastung auf der Outputseite der Zweiten Republik.[19]

Die 1970er-Jahre lassen sich aus umwelthistorischer Sicht nicht ohne die 1980er-Jahre diskutieren. Viele Indikatoren des Natur- und Umweltverbrauchs, etwa die Überproduktion in der industrialisierten Landwirtschaft, überschritten erst um 1985 ihren Höhepunkt,[20] und auch wichtige Teile der neuen Umweltbewegung etablierten sich erst nach den Ereignissen in Hainburg im politischen System der Republik.[21]

An generellen und pauschalen Einordnungen und Deutungen der 1970er-Jahre herrscht kein Mangel, gerade auch in der Popularkultur. Um die Jahrtausendwende erreichten die Kinder der 1970er und frühen 1980er-Jahre ein Alter,

---

15 Mesner, Zäsuren; Oliver Rathkolb, Umkämpfte Internationalisierung, in: Oliver Rathkolb/ Friedrich Stadler (Hg.), Das Jahr 1968 – Ereignis, Symbol, Chiffre, Göttingen 2010, 221–238.

16 Frank Bösch, Boom zwischen Krise und Globalisierung, in: Geschichte und Gesellschaft 42 (2016) 2, 354–376; Wolfgang König, Die siebziger Jahre als konsumgeschichtliche Wende in der Bundesrepublik, in: Konrad H. Jarausch (Hg.), Das Ende der Zuversicht? Die siebziger Jahre als Geschichte, Göttingen 2008, 84–100; Sina Fabian, Boom in der Krise. Konsum, Tourismus, Autofahren in Westdeutschland und Großbritannien 1970–1990 (Geschichte der Gegenwart 14), Göttingen 2016.

17 Astrid Gühnemann, Verkehr und Mobilität im Wandel, in: Erwin Schmid/Tobias Pröll (Hg.), Umwelt- und Bioressourcenmanagement für eine nachhaltige Zukunftsgestaltung, Berlin 2020, 204–206; Sándor Békési, Die befahrbare Stadt: Über Mobilität, Verkehr und Stadtentwicklung in Wien 1850–2000, in: Pro Civitate Austriae: Informationen zur Stadtgeschichtsforschung in Österreich N. F. 9 (2004), 3–46; Susanne Rynesch, Eroberung des Luftraumes: Der Ausbau des Flughafens Wien-Schwechat, in: Karl Brunner/Petra Schneider (Hg.), Umwelt Stadt: Geschichte des Natur- und Lebensraumes Wien (Wiener Umweltstudien 2), Wien 2005.

18 Peter Payer, Sauberes Wien: Stadtreinigung und Abfallbeseitigung seit 1945. 60 Jahre Magistratsabteilung 48: Abfallwirtschaft, Straßenreinigung und Fuhrpark 1946–2006, Wien 2006.

19 Schmid/Veichtlbauer, Naturschutz.

20 Fridolin Krausmann, Milk, Manure and Muscular Power. Livestock and the Industrialization of Agriculture, in: Human Ecology 32 (2004) 6, 735–773; Schmid/Veichtlbauer, Naturschutz, 44.

21 Robert Kriechbaumer, Nur ein Zwischenspiel (?): die Geschichte der Grünen in Österreich von den Anfängen bis 2017, Wien 2018; Othmar Pruckner, Eine kurze Geschichte der Grünen, Wien 2005; Oliver Rathkolb, Die paradoxe Republik. Österreich 1945 bis 2005, Nachdruck, Wien 2006.

in dem viele gern und nostalgisch auf „Wickie, Slime & Paiper" zurück zu blicken begannen.[22] Man erinnerte sich an Zeichentrick- und andere Kinderfernseh-sendungen, an Zeitschriften und Hörfunkprogramme für Jugendliche, vor allem aber auch an einprägsame Fernsehwerbespots und damals besonders attraktive Konsumgüter einer schrill-bunten Warenwelt aus Softdrinks und Eislutschern. Individuelle und kollektive Erinnerungen an die 1970er-Jahre scheinen beson-ders gut am industriellen Zucker zu kleben, der Kinderkörpern in diesem Jahr-zehnt reichlich in Form von „Paiper", „Afri-Cola" oder „Dreh und Trink" zu-geführt wurde. Die 1970er-Jahre waren, was die Konsumkultur in Ländern wie Österreich betrifft, kein Rückschlag in der modernen Erfolgsgeschichte des be-denklichen Stoffes Zucker.[23] Bemerkenswert erscheint für unser Thema auch, dass die kollektiven Erinnerungen an die 1970er-Jahre besonders deutlich an bestimmte neue Konsumgüter, an Werbung und Marketing gebunden sind. Das verweist auf die historische Deutung dieser Phase als „konsumgeschichtliche Wende", wie sie für die Bundesrepublik Deutschland konstatiert wurde.[24] Diese Beobachtung des Konsums im Zentrum der Erinnerung verweist nebenbei auch auf eine pointierte Einschätzung der 1970er und 1980er-Jahre durch Ferdinand Lacina. Der Ökonom, sozialdemokratische Politiker, ab 1980 Kabinettschef Bundeskanzler Kreiskys und spätere Minister in den Bundesregierungen Sino-watz bis Vranitzky III, meinte in einer 2020 vom österreichischen Rundfunk ORF produzierten TV-Dokumentation: „Es kommt zu einer Kommerzialisierung aller Lebensbereiche, was Kreisky gesagt hat – Durchflutung der Lebensbereiche mit Demokratie – ist in Wirklichkeit als Durchflutung der Lebensbereiche mit Kommerz passiert."[25]

Fundierte einschlägige historische Forschung zu den 1970er liegt noch ver-gleichsweise wenig vor,[26] zumal mit einem Fokus auf Österreich. Dieser Beitrag kann diese Forschungslücke nicht füllen. Er versteht sich als Versuch einer Zu-sammenschau historiographischer Deutungsangebote dieses Jahrzehnts, die einander bisher ignoriert haben,[27] namentlich umwelthistorische Deutungen mit

---

22 Susanne Pauser/Wolfgang Ritschl/Harald Havas, Faserschmeichler, Fönfrisuren und die Ölkrise. Ein Bilderbuch der siebziger Jahre, Wien 2000; Susanne Pauser/Wolfgang Ritschl, Wickie, Slime und Paiper. Das Online-Erinnerungsalbum für die Kinder der siebziger Jahre, Wien 1999.

23 Derek J. Oddy/Peter J. Atkins/Viginie Amilien (Hg.), The Rise of Obesity in Europe. A Twentieth Century Food History, Abingdon/New York 2016.

24 Bösch, Boom; König, Siebziger Jahre.

25 Wolfgang Stickler, Die 80er: Die Skandalrepublik, ORF Zeitgeschichte: Jahrzehnte in Rot Weiß Rot, Youtube, 50:27 min., Österreich 22.5.2021, [38:50–39:06 min.], URL: https://www.youtube.com/watch?v=AFPq9Py34zo&ab_channel=FernG%27schaut (abgerufen 30.11.2022).

26 Für Deutschland zu nennen ist aber: Anselm Doering-Manteuffel/Raphael Lutz, Nach dem Boom. Perspektiven auf die Zeitgeschichte seit 1970, Göttingen 2008.

27 Robert Groß, Zeitgeschichte und Umweltgeschichte, in: Marcus Gräser/Dirk Rupnow (Hg.), Österreichische Zeitgeschichte – Zeitgeschichte in Österreich, Wien 2021, 618–637.

einem Schwerpunkt auf biophysisch-materielle, d. h. sozial-metabolische Verhältnisse einerseits, und zeitgeschichtliche Deutungsangebote mit einem Fokus auf politische, soziale und wirtschaftliche Veränderungen andererseits. In der Schnittmenge gemeinsamer Interessen von Umwelt- und Zeitgeschichte findet sich die frühe Formierungsgeschichte der neuen Umweltbewegungen. Mit dem „1950er Jahre Syndrom"[28] und der darauf reagierenden „1970er Diagnose"[29] wurden bereits Begriffe, Konzepte und Deutungsangebote vorgelegt, die eine solche Integration unterschiedlicher Historiographien unterstützen.[30] Sie wurden allerdings nicht mit Blick auf Österreich formuliert und Vergleichbares für diese Phase der österreichischen Zeitgeschichte steht aus. Dieser Beitrag nähert sich umwelthistorisch einem Jahrzehnt, in dem ein weit entwickeltes industrielles, sozial-metabolisches Regime in eine kritische Phase seiner Geschichte eingetreten ist. In einem abschließenden Ausblick werde ich diskutieren, inwiefern die 1970er-Jahre vor dem Hintergrund aktueller, ineinander verwobener Klima-, Energie- und Wirtschaftskrisen, ihre historische Bedeutung zu verändern beginnen.

II.   Anfang und Ende eines langen Jahrzehnts

Ein Jahrzehnt ist „nur ein kalendarisches Artefakt metrischer Zeitrechnung", es komme daher darauf an, schrieb Konrad H. Jarausch, „mit welchen Inhalten dieser Behälter aufgefüllt wird"[31]. Jarausch selbst, 1941 geboren, musste die 1970er erst einmal explizit „als Geschichte" deklarieren um diesen „Behälter" dann mit der eher pessimistisch getönten Frage nach dem „Ende der Zuversicht" zu füllen. Der historische Referenzpunkt dafür ist für Jarausch, wie für viele andere seiner Generation, das Ende von Zweitem Weltkrieg und Holocaust und die bestenfalls etwa zweieinhalb Jahrzehnte danach. Viele HistorikerInnen verorten in den 1970er-Jahren, pointiert formuliert, das Ende der Nachkriegszeit, wir werden darauf zurückkommen. Was aber wäre eine chronologisch sinnvolle Begrenzung dieses kalendarischen „Behälters 1970er-Jahre" mit Blick auf die Umweltgeschichte Österreichs? Zugegeben, durch inflationäre Verwendung ist

---

28 Christian Pfister, The „1950s syndrome" and the transition from a slow-going to a rapid loss of global sustainability, in: Frank Uekötter (Hg.), The Turning Points of Environmental History, Pittsburgh 2010, 90–118; Christian Pfister/Peter Bär/Universität Bern (Hg.), Das 1950er Syndrom (Publikation der Akademischen Kommission der Universität Bern), Bern/Stuttgart/Wien 1996.

29 Patrick Kupper, Die „1970er Diagnose". Grundsätzliche Überlegungen zu einem Wendepunkt der Umweltgeschichte. in: Archiv für die Sozialgeschichte 43 (2003), 325–348.

30 Engels, Umweltgeschichte.

31 Konrad H. Jarausch, Verkannter Strukturwandel. Die siebziger Jahre als Vorgeschichte der Probleme der Gegenwart, Göttingen 2008, 9–26, 10.

die Rede von „langen" Jahrhunderten und Jahrzehnten etwas abgenutzt, doch
bieten sich für Anfang und Ende der österreichischen 1970er-Jahre zwei Ereignisse an, denen in der politischen und kulturellen – mehr als in der materiellen –
Umweltgeschichte[32] dieses Landes eine gewisse Bedeutung zukommt: 1968 als
Unter- und 1984 als Obergrenze langer, österreichischer 1970er-Jahre.

„1968", in Wien mehr „Mailüfterl als Revolution", steht für Ereignisse, die
Oliver Rathkolb, den zeitgenössischen Akteur Fritz Keller zitierend, treffend eine
„heiße Viertelstunde" im universitären-studentischen Umfeld genannt hat.[33]
Ende April 1968 fand der für Jahrzehnte letzte Ostermarsch in Österreich statt.
Im Demozug ging es für eine aktive Friedenspolitik, gegen Aufrüstung und Vi-
etnamkrieg vom Wiener Westbahnhof über die Mariahilfer Straße zur Schluss-
kundgebung in den Sophiensälen. Die Verflechtung von Friedens-, Umwelt-,
Frauen- und anderen, später klarer differenzierten sozialen Bewegungen liegt
nah, ist für den angloamerikanischen Raum besser beforscht,[34] für Österreich ab
den 1960er-Jahren nicht systematisch untersucht.[35] Die „Ökologie-Bewegung"
kann als Beispiel „einer verzögerten Auswirkung der 1968er-Bewegung" in
Österreich genannt werden.[36] Der Wiener Ostermarsch vom April 1968 endete am
folgenden Tag – das aber nur als anekdotisches Indiz zur Frage, wie umweltbe-
wegt die österreichische Friedensbewegung der 1960er-Jahre in ihrer Protest-
praxis war – mit einem Autokonvoy von Wien über Wiener Neustadt und die
Mur-Mürz-Furche in die steirische Hauptstadt Graz.[37]

Als obere zeitliche Grenze bietet sich die Mitte der 1980er-Jahre an, vor allem,
aber nicht nur, wegen des Widerstands gegen das bekannteste der drei letzten,
damals noch nicht gebauten österreichischen Donaukraftwerke in der Stopfen-

---

32 Zur Unterscheidung zwischen materieller, politischer und kultureller Umweltgeschichte
siehe: John R. McNeill, The State of the Field of Environmental History, in: Annual Review of
Environment and Resources 35 (2010) 1, 345–374.

33 Oliver Rathkolb, Die „longue durée" autoritärer Einstellungen der österreichischen Gesellschaft 1978 und 2004/2008 in: Heinrich Berger/Melanie Dejnega/Regina Fritz/Alexander
Prenninger (Hg.), Politische Gewalt und Machtausübung im 20. Jahrhundert, Wien 2011, 403–
418.

34 Adam Rome, Give Earth a Chance. The Environmental Movement and the Sixties, in: Journal
of American History, 90 (2003) 2, 525–554, URL: https://doi.org/10.2307/3659442; Riley E.
Dunlap/Angela G. Mertig (Hg.), American environmentalism. The U.S. environmental movement, 1970–1990, Philadelphia 1992.

35 Martin Dolezal/Swen Hutter, Konsensdemokratie unter Druck? Politischer Protest in
Österreich, 1975–2005, in: Österreichische Zeitschrift für Politikwissenschaft 36 (2007) 3, 337–
352. Dort auch weitere Literatur zu den jeweiligen Bewegungsgeschichten.

36 Oliver Rathkolb/Friedrich Stadler, Das Jahr 1968 – Ereignis, Symbol, Chiffre (Zeitgeschichte
im Kontext 1), Göttingen 2010.

37 Freda, Die Grüne Zukunftsakademie, 93/366: 3000 Menschen bei Ostermarsch in Vorarlberg,
URL: https://freda.at/gruenes-gedaechtnis/ostermarsch-vorarlberg-1988/ (abgerufen 30. 11.
2022).

reuther Au bei Hainburg 1984.[38] Ortrun Veichtlbauer nannte Hainburg den
„Gedächtnisort des österreichischen Umweltbewusstseins",[39] in der politischen
Umwelt- und in der Zeitgeschichte markiert Hainburg eine tiefgreifende Irrita-
tion. Es steht für die Erschütterung eines „von den Wiederaufbau- und Wachs-
tumsperzeptionen der Nachkriegszeit" geprägten Denkens von PolitikerInnen
und Sozialpartnern, die glaubten, „der vermeintlichen absoluten wirtschaftlichen Notwendigkeit gehorchen zu müssen".[40] In diesem Sinne endete die „Zuversicht", von der K. H. Jarausch für die bundesrepublikanische Nachkriegszeit
gesprochen hat, in Österreich in Hainburg im Dezember 1984, an diesem Wendepunkt der politischen und kulturellen Umweltgeschichte Österreichs.

Auch aus Sicht einer materiellen Umweltgeschichte ist die Mitte der 1980er-
Jahre eine sinnvolle chronologische Eingrenzung der dann doch wieder recht
„langen 1970er-Jahre". Der vorwiegend nachsorgend konzipierte Umweltschutz
verzeichnete erste wichtige Erfolge im Gewässerschutz und in Folge der Wald-
sterbensdiskussion auch bei der Luftreinhaltung (u. a. Kfz-Katalysator, Rauch-
gasentschwefelungsanlagen, Kläranlagen, Lärmschutzwände, Müllverbrennungs-
anlagen mit Filterungen).[41] Mehrere Fehlentwicklungen in Folge von Industrialisierung, Mechanisierung und Chemisierung der Landwirtschaft überschreiten
Mitte der 1980er-Jahre ihren Höhepunkt. So gehen etwa durch gezielte steuer-
politische Maßnahmen und eine geänderte Agrarförderung der Einsatz von
Kunstdünger und die landwirtschaftliche Überproduktion zurück.[42] Bereits ein
Jahr vor der Reaktorkatastrophe von Tschernobyl im April 1986 waren alle
maßgeblich von SPÖ-Bundeskanzler Sinowatz betriebenen Versuche gescheitert,
das nach der Volksabstimmung über das AKW Zwentendorf beschlossene
Atomsperrgesetz von 1978 wieder aufzuheben.[43] Das Energiesystem und damit

38 Angelika Schoder/Martin Schmid, Where Technology and Environmentalism Meet: The
   Remaking of the Austrian Danube for Hydropower, in: Hrvoje Petrić/Ivana Žebec Šil (Hg.),
   Environmentalism in Central and Southeastern Europe: Historical Perspectives, London
   2017.
39 Ortrun Veichtlbauer, Donau-Strom. Über die Herrschaft der Ingenieure, in: Christian Reder/
   Erich Klein (Hg.), Graue Donau – Schwarzes Meer: Wien – Sulina – Odessa – Jalta – Istanbul,
   Wien/New York 2008, 170–195; Schmid/Veichtlbauer, Naturschutz.
40 Rathkolb, Paradoxe Republik, 202.
41 Marina Fischer-Kowalski/Harald Payer, Fünfzig Jahre Umgang mit Natur, in: Reinhard Sie-
   der/Heinz Steinert/Emmerich Tálos (Hg.), Österreich 1945–1995. Gesellschaft, Politik, Kultur
   (Österreichische Texte zur Gesellschaftskritik), Wien 1995, 552–566.
42 Krausmann, Milk; Fridolin Krausmann/Heinz Schandl/Rolf Peter Sieferle, Socio-Ecological
   Regime Transitions in Austria and the United Kingdom, in: Ecological Economics 65 (2008) 1,
   187–201; Simone Gingrich/Fridolin Krausmann, At the Core of the Socio-Ecological Transition, in: Science of The Total Environment 645 (2018), 119–129.
43 Heidrun Schulze/Gertraud Diendorfer/Forum Politische Bildung (Hg.), Wendepunkte und
   Kontinuitäten. Zäsuren der demokratischen Entwicklung in der österreichischen Geschichte,
   Innsbruck 1998.

einer der wichtigsten Gegenstände einer materiellen Umweltgeschichte musste weiter ohne inländisch produzierten Atomstrom auskommen.

Mit Fokus auf Politik und Kultur inkl. der neuen sozialen Bewegungen könnte, wie ausgeführt, die „Chiffre 1968" als Beginn der „langen 1970er" taugen, für eine materielle, an biophysischen Veränderungen interessierte Umweltgeschichte allerdings kaum. Im Jahr 1968 wird Österreich das erste Land, das von der Sowjetunion außerhalb des „Rats für gegenseitige Wirtschaftshilfe (RGW)" mit Erdgas beliefert wird. Die Brenner Autobahn wird eröffnet, auch das vierte Donaukraftwerk in Wallsee-Mitterkirchen, und ÖVP-Verkehrsminister Ludwig Weiß kündigt den Bau eines AKW im niederösterreichischen Tullnerfeld an.[44] Umbruch in den Naturverhältnissen klingt anders.

Historische Deutungen der 1970er-Jahre sind, wie eingangs erwähnt, stärker vielleicht als die der meisten anderen Abschnitte der Zeitgeschichte, von einer ökonomischen, einer wirtschafts- und konsumhistorischen Perspektive dominiert. Frank Bösch schreibt von „stark ökonomisch grundierten Deutungen" dieses Jahrzehnts in der deutschen Forschung, die die makroökonomisch ausgerichtete Perspektive zeitgenössischer Politik, Expertise und intellektueller Debatten widerspiegele und damit letztlich bis heute in eine Bewertung der 1970er-Jahre als „Phase der Krise, des Niedergangs und des Beginns heutiger Problemlagen" münde. Dem müsste, so Bösch, eine konsumhistorische Perspektive auf Praktiken und Konsumenten gegenübergestellt werden. Denn dann stünde dieses Jahrzehnt weniger für (makroökonomischen) „Niedergang" als für „Aufbruch", für stark steigenden Konsum, für den Beginn einer „hedonistischen Phase, in der der Wohlstand individuell spürbar und ausgelebt wurde."[45] Aus sozialökologischer Sicht ist gerade das scheinbare Paradox dieses Jahrzehnts, ökonomische Krisenerscheinungen und Anfänge heutiger Problemlagen einerseits und Durchsetzung einer Konsum- und Wegwerfgesellschaft andererseits, von besonderem Interesse. Es sind, wie wir im nächsten Abschnitt diskutieren werden, zwei verschiedene Ausprägungen desselben Prozesses, einer kritischen Phase in der weiter, wenn auch anders voranschreitenden Industrialisierung des sozial-metabolischen Regimes.

Einen Wendepunkt und damit eine geeignete Untergrenze für den kalendarischen „Behälter 1970er-Jahre" stellt, darauf können sich Umwelt- und WirtschaftshistorikerInnen einigen, der „Ölpreisschock" des Jahres 1973 dar. Dieser habe in Österreich eine Krise eingeleitet, die in der Ära Kreisky mit einem

---

44 Diese und weitere Daten sind der von Ortrun Veichtlbauer zusammengestellten ETA – Environmental History Timeline Austria entnommen, verfügbar über das Zentrum für Umweltgeschichte an der Universität für Bodenkultur Wien (BOKU): URL: https://boku.ac.at/fileadmin/data/themen/Zentrum_fuer_Umweltgeschichte/Links/ETA.pdf (abgerufen 29.11.2022).

45 Bösch, Boom.

wirtschafts- und sozialpolitischen „Sonderweg" bekämpft wurde, der die österreichische Variante des Fordismus „ironischerweise" und zeitverzögert erst zu
seiner vollen Entfaltung gebracht habe.[46] Dieser „österreichische Spätfordismus"
wäre dann, das betont vor allem auch eine geschlechtergeschichtliche Perspektive, erst in den 1980er-Jahren von einem System mit mehr, wenn auch ungleich
verteilten, persönlichen Freiräumen und Wahlmöglichkeiten abgelöst worden.[47]
Erst in den 1980er-Jahren habe Österreich eine Entwicklung nachvollzogen, die
bereits für die Bundesrepublik Deutschland der 1970er-Jahre als „Strukturbruch
der Industriemoderne" vom Keynesianismus zum Neoliberalismus beschrieben
worden ist, als Durchsetzung eines neuen, auf die Selbstverwirklichung eines
unternehmerischen Selbst setzenden Menschenbildes.[48] Dazu passt der von
Emmerich Tálos für Österreich gelegte Befund vom Rückzug des Sozialstaates ab
den 1980er-Jahren.[49]

Die Öl(preis)krise 1973 gilt vielen als entscheidender Moment in der Formierung der Umweltbewegung und als Katalysator eines gesellschaftlich breiter
verankerten Umweltbewusstseins. Zweifellos hat sie damals Jüngeren erstmals
Wert und Begrenztheit fossiler und anderer natürlicher Ressourcen vor Augen
geführt. Manch Ältere, die Kriegs- und Rüstungswirtschaft im Nationalsozialismus erlebt hatten, werden sich an „Kampf dem Kohlenklau" oder andere
Energiesparpropaganda erinnert haben.[50] Nun, im Frieden des Jahres 1973,
veränderten Energiesparmaßnahmen in Folge künstlicher Verknappung und von
Preissteigerungen vor allem bei Mineralölprodukten unmittelbar Alltagsprakti-
ken, allen voran die der (Auto)mobilität. Ernst Hanisch erkannte eine mögliche
zeithistorische Zäsur im Jahr 1973, eben weil mit der ersten Erdölkrise die Phase
ökonomischen Wachstums nach dem Zweiten Weltkrieg zu Ende gegangen sei,[51]
ein goldenes Zeitalter „unaufhörlichen Wirtschaftswachstums, das zu breitem
Wohlstand geführt hatte", kam ans Ende.[52] Aber Hanisch hat die Wirkmächtig-
keit der sich formierenden Umweltbewegung wohl überschätzt, als er in Zusammenhang mit diesem ersten Ölpreisschock einen „ökologisch bedingten
Pessimismus über die Grenzen des Wachstums" für sinkende Bruttonational-

---

46 Wolfgang Maderthaner (Hg.), Die Ära Kreisky und ihre Folgen. Fordismus und Postfordis-
    mus in Österreich, Wien 2007.
47 Mesner, Zäsuren.
48 Doering-Manteuffel/Lutz, Boom.
49 Emmerich Tálos, Vom Siegeszug zum Rückzug. Sozialstaat Österreich 1945–2005 (Österreich,
    2. Republik), Innsbruck 2005.
50 Reinhold Reith, Kohle, Strom und Propaganda im Nationalsozialismus. Die Aktion „Koh-
    lenklau", in: Theo Horstmann/Regina Weber (Hg.), „Hier wirkt Elektrizität". Werbung für
    Strom 1890–2010, Essen 2010.
51 Thomas Angerer, An Incomplete Discipline: Austrian Zeitgeschichte and Recent History, in:
    Contemporary Austrian Studies 3 (1994), 207–251, 209, Zit. n. Mesner, Zäsuren, 1004.
52 Bischof, Zweite Republik, 167.

produkte verantwortlich gemacht hat.[53] Vielmehr blieb die von Teilen der Ökologiebewegung aus der 1973 kollektiv erfahrenen Ressourcenknappheit abgelei-
tete fundamentale Wachstumskritik ohne Konsequenz für die politische Praxis,
für die der sozialliberalen Regierung der Bundesrepublik ebenso wenig[54] wie für
die ab 1971 mit absoluter Mehrheit regierende sozialdemokratische Regierung
Kreiskys. Die zeitgenössische Einsicht in die Grenzen des Wachstums ging weder
hier noch dort so weit, dass das sich verlangsamende Wirtschaftswachstum als
ökologischer Fortschritt begrüßt worden wäre.

Die weit verbreitete Rede vom „krisenhaften Jahrzehnt", das sei noch einmal
explizit betont, hat zwei wesentliche Voraussetzungen und zwar sowohl bei den
Zeitgenossen als auch bei den meisten ZeithistorikerInnen: sie ist, erstens, aus
einer rein ökonomischen – egal ob neoklassischen oder regulationstheoreti-
schen – Perspektive formuliert, und sie vergleicht, zweitens, die Entwicklungen
dieses Jahrzehnts mit den „Wirschaftswunderjahren", den zwei Jahrzehnten
außerordentlichen Wachstums ab der Mitte der 1950er-Jahre. Im engeren Sinn
wird die „Krisenhaftigkeit" der 1970er-Jahre am direkten Vergleich mit der nur
neun Jahre andauernden Phase historisch einmaligen Wachstums zwischen 1953
und 1962 festgemacht. In dieser kurzen Phase wuchs das Bruttoinlandsprodukt
um 6,3 % jährlich, real also um insgesamt 73 % in nicht einmal einem Jahrzehnt.[55] Zwischen 1962 und 1967 verlangsamte sich dann das Wachstum auf
4,2 % jährlich, was aber von den Zeitgenossen bereits als „Strukturkrise"[56] erlebt
und benannt wurde. Im Jahr der ersten „Ölkrise" 1973 erreichte die Arbeitslosenquote mit 1,2 % ein Allzeittief, das Phänomen Arbeitslosigkeit war „praktisch
verschwunden".[57] Nach einem zwischenzeitlichen Anstieg Ende der 1960er und
Anfang der 1970er-Jahre verlangsamte sich das Wirtschaftswachstum ab Mitte
der 1970er-Jahre weiter. 1975 und 1978 schrumpfte das BIP real um 0,4 % be-
ziehungsweise 0,1 %.[58] Mit durchschnittlichen jährlichen Wachstumsraten von
real immerhin noch 2,7 % wuchs die österreichische Wirtschaft aber selbst
zwischen 1975 und 1981 weiter.[59]

53 Ernst Hanisch, Der lange Schatten des Staates. Österreichische Gesellschaftsgeschichte im
   20. Jahrhundert 1890–1990. (Österreichische Geschichte), Wien 2005, 458–459; 473–474; Zit.
   n. Bischof, Zweite Republik, 176.
54 Rüdiger Graf, Öl und Souveränität. Petroknowledge und Energiepolitik in den USA und
   Westeuropa in den 1970er Jahren (Quellen und Darstellungen zur Zeitgeschichte 102), Berlin
   2014.
55 Felix Butschek, Österreichische Wirtschaftsgeschichte von der Antike bis zur Gegenwart,
   Wien 2011, 299–300.
56 Ebd., 320.
57 Ebd., 338–339.
58 Ebd., 362.
59 Ebd., 385.

Halten wir fest: Im größeren wirtschaftshistorischen Rahmen der Zweiten Republik sehen wir im Durchschnitt die Wirtschaft real immer wachsen, wenn auch mit kontinuierlich abnehmendem Trend (und das bis in die allerjüngste Vergangenheit).[60] Auf einer Skalenebene mit der gesamten Zweiten Republik als Referenz, erscheinen die 1970er-Jahre keineswegs als besonders krisenhaft. Eine solche Deutung ergibt sich lediglich aus dem Vergleich mit der kurzen Phase exponentiellen Wachstums und rasch steigenden Wohlstands zwischen Mitte der 1950er und 1960er-Jahre. Mit anderen Worten: Wer in den 1970er-Jahren ein krisenhaftes Jahrzehnt sehen will, muss am „kurzen Traum immerwährender Prosperität"[61] der Wirtschaftswunderjahre festhalten.

Felix Butschek, der all diese und viele Daten mehr in einem bewunderungs-würdig produktiven Lebenswerk zusammengetragen hat, liefert auch Erklärun-gen für diese Entwicklung, insbesondere für die Phase ab 1975, die er als das Ende des „Goldenen Zeitalters" der Wirtschaftswunderjahre bezeichnet. Er sieht die Schuld für dieses Ende bei den „Denkschulen" der „68er-Revolution" und der neuen Umweltbewegung, letztere mit dem „schamlosen Unsinn … Weltmodell des Club of Rome", das „den Untergang der Zivilisation als Folge des Wirt-schaftswachstums" vorausgesagt habe. Die Umweltbewegung wäre, so Butschek, ab den frühen 1970er-Jahren zu einem neuen „bestimmenden Faktor des poli-tischen Lebens" geworden, zu einem Hemmschuh wirtschaftlicher Entwicklung. Mit immer mehr gesetzlichen Vorschriften und Bürgerinitiativen hätte sie In-frastrukturinvestitionen verzögert und verhindert, die Energiepolitik habe, ir-regleitet durch eine „Fixierung auf die Umwelt" unrentable erneuerbare Ener-gieformen ausgebaut und den Ausbau des Stromnetzes vernachlässigt.[62]

Ähnliche Positionen wurden von weiten Teilen der politischen Elite im Österreich der 1970er-Jahren vertreten. Im März 1977 verknüpfte beispielsweise der aus dem Österreichischen Gewerkschaftsbund (ÖGB) kommende, promo-vierte Ökonom und damalige Generaldirektor der Österreichischen National-bank Heinz Kienzl in einem Vortrag Wirtschaftswachstum und Energiever-brauch mit sozialem Frieden, Ausgleich und Gerechtigkeit. Für diese sozialpo-litischen Ziele sei Wirtschaftswachstum und ausreichende Energiezufuhr unverzichtbar. Wer aber, wie aus „saturierten Schichten" stammende Kraft-werksgegner, durch „Wachstumsdrosselung" Energie sparen wolle, verweigere

---

60 Marcus Scheiblecker/Felix Butschek, 100 Jahre Republik Österreich. Nach bitteren Jahren Aufholprozess zu höchstem Wohlstand, in: WIFO Monatsberichte (monthly reports), 91 (2018) 1, 37–52, 38.

61 Burkart Lutz, Der kurze Traum immerwährender Prosperität. Eine Neuinterpretation der industriell-kapitalistischen Entwicklung im Europa des 20. Jahrhunderts, Frankfurt/New York 1984.

62 Butschek, Österreichische Wirtschaftsgeschichte, 351–352.

Ärmeren Eintritt und Teilhabe an der „Wohlstandsgesellschaft".[63] Wer Kraftwerke verhindert, handelt also unsolidarisch. Eine solche Argumentation richtete sich vor allem gegen jene UmweltaktivistInnen, die sich als Linke sahen, durchaus SPÖ-affin sein konnten und ihren öffentlichen Protest für die Umwelt auch als genuin soziales Engagement begriffen.

Kritik am Wirtschaftswachstum in der Umweltbewegung speiste sich aber auch aus anderen Weltbildern. Am 26.10.1978, dem Nationalfeiertag zehn Tage vor der Volksabstimmung über das AKW Zwentendorf, rief Konrad Lorenz „als Verhaltensforscher und Gesellschaftskritiker" DemonstrationsteilnehmerInnen am Hauptplatz von Tulln an der Donau zu: „Die Katastrophe ist eine Tatsache, die sich aus der schnellen Entwicklung des Wirtschaftswachstums ergibt. […] Ich habe Angst vor der Vergrößerung der Betriebe, vor dem Wirtschaftswachstum, vor der allgemeinen Entwicklung unserer Zivilisation in Richtung einer Entmenschung des Einzelnen".[64] In den Auseinandersetzungen um Zwentendorf Ende der 1970er waren längst jene Positionen bezogen, die einige Jahre später im „Krieg in der Au", wie das Nachrichtenmagazin „profil" am 22. Dezember 1984 auf seinem Cover aufmachte,[65] durchaus gewaltsam aufeinanderprallen sollten.

III. Die 1970er-Jahre als kritische Phase eines sozial-metabolischen Regimewechsels

Die 1970er-Jahre wurden als ökonomisch krisenhaft erlebt und werden auch gegenwärtig so beschrieben, vor allem weil sie auf eine Phase historisch exzeptionellen Wachstums folgten und bis heute in erster Linie mit diesen Nachkriegsjahren des „Wirtschaftswunders" verglichen werden. Es sei an dieser Stelle noch einmal daran erinnert, dass der Befund der „krisenhaften 1970er-Jahre" auch durch einen ganz bestimmten historischen Blick auf die Ökonomie bedingt ist. Andere historiographische Zugänge machen unser Bild dieses Jahrzehnts bunter und widersprüchlicher: demokratiepolitischer Aufbruch, gesellschaftspolitische Reformen unter anderem mit mehr Geschlechtergerechtigkeit und

---

63 Kienzl, Wirtschaftswachstum.
64 Konrad Lorenz gegen die Atomenergie, Youtube, 12.31 min., Wien 26.10.1978, [01:15–01:30 min. und 08:15–08:30 min.], URL: https://www.youtube.com/watch?v=xM0b2XM8UAk&ab_channel=konradlorenzhausaltenberg (abgerufen 30.11.2022); zu Lorenz' Verstrickung in den Nationalsozialismus vergleiche: Benedikt Föger/Klaus Taschwer, Die andere Seite des Spiegels. Konrad Lorenz und der Nationalsozialismus, Wien 2001.
65 Krieg in der Au, Profil, 22.12.1984, URL: https://image.profil.at/images/cfs_1864w/6389394/00214_krieginau_profilsonder53_22128401.jpg (abgerufen 30.11.2022).

inklusiveren Bildungssystemen,[66] aber auch Aufschwung einer Wohlstand-
stands-, Konsum-[67] und Wegwerfgesellschaft.[68]

Eine Annäherung an dieses Jahrzehnt mit Mitteln der Sozialen Ökologie erlaubt eine alternative Analyse der angesprochenen sozialen, kulturellen und
ökonomischen Entwicklungen. Die konzeptuelle „Flughöhe" bleibt dabei zumindest so hoch wie in makro-ökonomischen Analysen, ähnlich weit weg von der
Alltagspraxis und vom zeitgenössischen Erleben der allermeisten historischen
AkteurInnen. Komplementär zu geschichtswissenschaftlichen Deutungen kann
ein sozialökologischer Zugang idealiter Folgendes leisten: die wirtschaftshistorische Analyse von Wachstums- und anderen klassischen Indikatoren wird ergänzt um eine Betrachtung der Material- und Energieflüsse einer Gesellschaft
(„biophysische Ökonomie"); wirtschaftliche Aktivitäten werden als eingebettet
in ein gesamtgesellschaftliches System begriffen, das mit seiner natürlichen
Umwelt interagiert („Ko-Evolution"); Veränderungen in Gesellschaft und Natur
werden vor dem Hintergrund längerer, Jahrzehnte bis Jahrhunderte umfassender
Zeiträume betrachtet („sozial-metabolische Regimewechsel").[69] Kurzgefasst:
wirtschafts-, sozial-, kultur- und andere historische Einsichten lassen sich mit
sozialökologischen Mitteln ergänzen um eine Einschätzung der ökologischen
Voraussetzung und Kosten historischen Wandels. Ein Fokus liegt dabei auf den
gesellschaftlichen Energiesystemen, also auf dem, was in den 1970er-Jahren
heftig umkämpfter Kern gesellschaftlicher Debatten wurde.

Alle Gesellschaften und ihre dominanten Nachhaltigkeitsprobleme hängen
von der Organisation ihrer Energiesysteme ab. Die Energiesysteme von Gesellschaften lassen sich unter anderem nach den Quellen der Primärenergie und den
Mustern der Endenergienutzung unterscheiden.[70] Aufgrund ihrer grundlegend
unterschiedlichen Energiesysteme differenziert die Soziale Ökologie drei sozial-
metabolische Regimes, die auch sehr unterschiedliche Niveaus des Ressourcen-
durchsatzes aufweisen: Jäger und Sammler, agrarische und industrielle Gesellschaften. Aus einsichtigen Gründen konzentrieren wir uns hier auf das industrielle Regime. Die zunehmende Nutzung fossiler Energie führt zu dem, was die
Soziale Ökologie als sozialökologischen Übergang („Transition") von der Agrar-
zur Industriegesellschaft bezeichnet. Wie Gesellschaft und Natur interagieren,
ändert sich grundlegend, wenn fossile Energieträger auf den Plan treten. Die
Energieressourcen, ihre Verfügbarkeit bzw. Knappheit und die für eine Verlagerung der Ressourcenbasis der Gesellschaft erforderliche soziale Umstruktu-

---

66 Fischer-Kowalski, Kreisky Era; Mesner, Zäsuren; Rathkolb, Paradoxe Republik.
67 Bösch, Boom; Fabian, Krise.
68 Bösch, Boom; König, Siebziger Jahre.
69 Haberl/Fischer-Kowalski/Krausmann/Winiwarter (Hg.), Social Ecology.
70 Jean-Claude Debeir/Jean-Paul Deléage/Daniel Hémery, In the servitude of power. Energy and
   civilization through the ages. London/Atlantic Highlands 1991.

rierung, sind Schlüsselfaktoren in diesem Übergang, der in Phasen verläuft. Die Umstellung von Kohle auf Erdöl und später auf Erdgas sowie das Aufkommen des Massenkonsums insbesondere nach dem Zweiten Weltkrieg, trugen dazu bei, den Materialverbrauch auf etwa 15–30 Tonnen pro Kopf und Jahr zu erhöhen.[71] Nach etwa eineinhalb Jahrhunderten war Österreich in den 1970er-Jahren in dieser „industriellen Transition" weit fortgeschritten. Weltweit aber ist dieser Übergang selbst jetzt, ein halbes Jahrhundert später, erst etwa zur Hälfte vollzogen.[72] Die daraus resultierende Klimakrise ist inzwischen allgemein akzeptiert, und eine nächste Transition hat bereits begonnen. Sie wird, nach praktisch aller wissenschaftlichen Evidenz, im zivilisatorischen Kollaps oder einem nachhaltigeren sozial-metabolischen Regime münden. Für einen Übergang zur Nachhaltigkeit ist eine Veränderung der gesellschaftlichen Ressourcenbasis, insbesondere des Energiesystems, erforderlich. Damit verbunden sind Veränderungen in der gesellschaftlichen Organisation in ähnlicher Größenordnung wie beim agrarindustriellen Übergang.[73]

Wo also stand Österreich in den 1970er-Jahren im sozial-metabolischen Übergang der industriellen Transition? Werfen wir dafür zuerst einen Blick auf die größere globale Entwicklung. Bezüglich des Material- und Energieverbrauchs und der CO_2-Emissionen (aus fossiler Verbrennung und Zementproduktion) im 20. Jahrhundert lassen sich vier Phasen unterscheiden. Auf ein relativ moderates Wachstum bis zum Ende des Zweiten Weltkriegs[74] folgte ein steiler Anstieg im Verbrauch und parallel auch bei den Emissionen bis zu Beginn der 1970er-Jahre („First Great Acceleration"). Der Verbrauch verdoppelte sich (von ca. 5 auf 9 Tonnen pro Jahr) ebenso wie die klimaschädlichen Kohlenstoffemissionen (von ca. 2 auf 4 Tonnen).[75] Danach, und das ist mit Fokus auf die 1970er wichtig,

71 Heinz Schandl/Marina Fischer-Kowalski/James West/ Stefan Giljum/Monika Dittrich/Nina Eisenmenger/Arne Geschke/Mirko Lieber/Hanspeter Wieland/Anke Schaffartzik/Fridolin Krausmann/Sylvia Gierlinger/Karin Hosking/Manfred Lenzen/Hiroki Tanikawa/Alessio Miatto/Tomer Fischman, Global Material Flows and Resource Productivity, in: Journal of Industrial Ecology 22 (2018) 4, 827–838.
72 Fridolin Krausmann/Christian Lauk/Willi Haas/Dominik Wiedenhofer, From resource extraction to outflows of wastes and emissions: The socioeconomic metabolism of the global economy, 1900–2015, in: Global Environmental Change 52 (2018), 131–140, URL: https://doi.org/10.1016/j.gloenvcha.2018.07.003.
73 Christoph Görg/Ulrich Brand/Helmut Haberl/Diana Hummel/Thomas Jan/Stefan Liehr, Challenges for Social-Ecological Transformations: Contributions from Social and Political Ecology, in: Sustainability 9 (2017) 7, 1045; zum Begriff der „Second Great Acceleration" um die Jahrtausendwende siehe auch: Ernst Langthaler, Great Accelerations. Soy and its global trade network, in: Claiton Marcio da Silva/Claudio de Majo (Hg.), The Age of the Soybean. An Environmental History of Soy During the Great Acceleration, Winwick 2022, 64–90.
74 Vgl. dazu nun aber den Beitrag von Ernst Langthaler in diesem Heft, der in autarkie-, kriegs- und rüstungswirtschaftlich wichtigen Sektoren bereits für die Zeit des Nationalsozialismus eine solche Beschleunigung zeigen kann.
75 Vgl. dazu insbesondere den Beitrag von Robert Groß in diesem Heft.

stabilisierten sich Verbrauch und Emissionen auf hohem Niveau für zwei bis drei Jahrzehnte. Nach der Jahrtausendwende stiegen Material- und Energieverbrauch global wieder steil an („Second Great Acceleration"),[76] die Emissionen vergleichsweise weniger rasch, was sich mit dem rapiden aber durch technologische Verbesserungen ressourceneffizienteren Aufholprozess von „Schwellenländern" (insbesondere China und Indien) erklären lässt.

Die österreichische Entwicklung lässt sich, eingebettet in diese sich schubweise und fossilenergiebasiert industrialisierende Welt, besser einschätzen. Was den Energieverbrauch betrifft, sehen wir auch hier eine prononcierte „Große Beschleunigung" zwischen 1950 und 1973 in deren Verlauf sich der Energieverbrauch auf ca. 200 GJ pro Kopf und Jahr mehr als verdoppelte, was im Rahmen industrialisierter Staaten liegt und sich unter vielen anderen Faktoren daraus erklären lässt, dass dichtere, besser transportier- und weiter verarbeitbare Energieträger (Öl und Gas statt Kohle) den Energiemix immer mehr dominierten.[77] Besonders stark stieg der Energiebedarf für den Transport (Stichwort „Automobilisierung") und in den Haushalten mit neuen Heizformen und Elektrogeräten.[78] Mit Blick auf das Energiesystem sehen wir hier die andere, gewissermaßen die dunkle Seite des „Wirtschaftswunders": rapides ökonomisches trieb parallel rasches physisches Wachstum an, damit Naturverbrauch und ökologische Belastung.

Erstaunlicherweise kam dieses rapide Wachstum um die Mitte der 1970er-Jahre zum Stillstand, auch in Österreich. Material- und Energieverbrauch pendelten sich für etwa zwei Jahrzehnte auf dem erreichten, historisch exzeptionell hohen Niveau von ca. 200 GJ pro Kopf und Jahr ein. Vor allem der sich eindämmende Verbrauch (fossiler) Energie, vergleichsweise weniger kohlenstoffintensive Energieformen (Gas statt Kohle und auch mehr Erneuerbare), eine fossilenergiesubventionierte Entlastung der Wälder, deren Fläche sich vergrößerte[79] und verschiedene Änderungen in der Landwirtschaft dürften ab den

---

76 Christoph Görg/Christina Plank/Dominik Wiedenhofer/Andreas Mayer/Melanie Pichler/ Anke Schaffartzik/Fridolin Krausmann, Scrutinizing the Great Acceleration: The Anthropocene and its analytic challenges for social-ecological transformations, in: The Anthropocene Review 7 (2020) 1, 42–61.

77 Die Wasserkraft spielt für die Versorgung Österreichs mit Strom eine bedeutende Rolle, in der Gesamtenergieversorgung ist sie aber im Vergleich zu Fossilen und Biomasse vernachlässigbar; vgl. dazu Beatrice Wagner/Christoph Hauer/Angelika Schoder/Helmut Habersack, Review of Hydropower in Austria, in: Renewable and Sustainable Energy Reviews 50 (2015), 304–314.

78 Krausmann/Schandl/Sieferle, Socio-Ecological Regime.

79 Simone Gingrich/Christian Lauk/Thomas Kastner/Fridolin Krausmann/Helmut Haberl/ Karl-Heinz Erb, A Forest Transition. Austrian Carbon Budgets 1830–2010, in: Helmut Haberl/ Marina Fischer-Kowalski/Fridolin Krausmann/Verena Winiwarter (Hg.), Social Ecology. Society-Nature Relation across Time and Space (Human Environment Interactions 5), Cham 2016, 417–431, URL: http://dx.doi.org/10.1007/978-3-319-33326-7_20.

1970er-Jahren sogar zu einem leichten, wenn auch nur vorläufigen Rückgang der Kohlenstoffemissionen geführt haben.[80] Bewusste politische Bemühungen, die Treibhausgasemissionen zu reduzieren, spielten im Österreich der 1970er und 1980er-Jahre und in den Kraftwerkskonflikten keine Rolle, obwohl die naturwissenschaftlichen Zusammenhänge bekannt waren. Der, wie oben ausgeführt und längerfristig betrachtet, moderate (!) Rückgang des Wirtschaftswachstums in den 1970ern und der im Mittel stabilisierte Energieverbrauch – beides lässt sich mit den Energiekrisen und Ölpreisschocks in einen plausiblen Zusammenhang bringen.[81] Die „Ölschocks" der 1970er-Jahre haben Österreich nicht weniger abhängig gemacht von fossilen Importen. Der Rückgang des Anteils des Erdöls und davor schon der Kohle im Energiemix wurde mit steigenden Erdgasimporten mehr als kompensiert.[82] Die bis heute hohe Abhängigkeit von vormals sowjetischem, heute russischem Erdgas spricht eher für eine Verschiebung und neue, zusätzliche geopolitische Abhängigkeiten.[83]

Die Auslagerung energie- und materialintensiver Produktionen nicht zuletzt in Länder des globalen Südens schlägt mit einer Verringerung des heimischen Energieverbrauchs in Industrieländern wie Österreich zu Buche. Zeitgenössische sozialwissenschaftliche Diagnosen von einer „postindustriellen" oder „nachindustriellen" Gesellschaft reagieren auf ihre Weise auf solche Entwicklungen, richten den Scheinwerfer auf scheinbar immaterielle Produktionsfaktoren wie Information und Wissen;[84] ungleiche ökologische Tauschverhältnisse in einer sich globalisierenden Welt haben sie dagegen kaum im Blick.[85] Aus sozialöko-

---

80 Karl-Heinz Erb/Helmut Haberl/Fridolin Krausmann, The fossil-fuel powered carbon sink. Carbon flows and Austria's energetic metabolism in a long-term perspective, in: Marina Fischer-Kowalski/Helmut Haberl (Hg.), Socioecological Transitions and Global Change: Trajectories of Social Metabolism and Land Use, Cheltenham (UK)/Northampton (USA) 2007, 60–82.

81 Vaclav Smil, Energy at the crossroads. Global perspectives and uncertainties, Cambridge (Mass.) 2003.

82 Fridolin Krausmann/Helmut Haberl, The process of industrialization from the perspective of energetic metabolism. Socioeconomic energy flows in Austria 1830–1995, in: Ecological Economics 41, 2 (2002), 177–201.

83 Robert Groß, Verknappung, Krise und Import. Zur Geschichte der Erdgasabhängigkeit Ostösterreichs, in: Gerhard Siegl/Wolfgang Meixner (Hg.), Regionale Wirtschafts- und Sozialgeschichte im Zeitalter globaler Krisen (im Druck).

84 Ariane Leendertz, Schlagwort, Prognostik oder Utopie? Daniel Bell über Wissen und Politik in der „postindustriellen Gesellschaft", in: Zeithistorische Forschungen – Studies in Contemporary History, URL: https://doi.org/10.14765/zzf.dok-1602; Daniel Bell, Die nachindustrielle Gesellschaft (Reihe Campus 1001), Frankfurt 1979; Jürgen Frank, Die postindustrielle Gesellschaft und ihre Theoretiker, in: Leviathan 1 (1973) 3, 383–407; Alain Touraine/Eva Moldenhauer, Die postindustrielle Gesellschaft, Frankfurt/Main 1972.

85 Christian Dorninger/Alf Hornborg/David J. Abson/Henrik von Wehrden/Anke Schaffartzik/ Stefan Giljum/John-Oliver Engler/Robert L. Feller/Klaus Hubacek/Hanspeter Wieland, Global patterns of ecologically unequal exchange. Implications for sustainability in the 21st

logischer Sicht kann, mit Blick auf den im Kern weiter fossilen Metabolismus und seine Folgen, in den 1970er-Jahren und selbst fünf Jahrzehnte später keine Rede von einer „postindustriellen" Gesellschaft sein.

Die Wirtschaftsgeschichte sieht in Österreich in den 1970ern erstmals eine vollentwickelte, „moderne" Volkswirtschaft, in der der Anteil des tertiären Sektors an der Bruttowertschöpfung den des sekundären übertrifft.[86] Die heftig diskutierte Krise der „Verstaatlichten" (und der Umgang sozialdemokratisch geführter Regierungen damit) gehört in diesen größeren Zusammenhang. Auch in den sozialökologischen Daten spiegelt sich dieser Wandel in Richtung Dienstleistungsgesellschaft. Das Energiesystem wird immer weniger von Verbrauchern, die Hoch- und Mittelwärmetemperatur benötigen, dominiert (Schwerindustrie mit Kohle, Eisen- und Stahl-Technologien) und immer mehr vom Stromverbrauch in Betrieben und Haushalten sowie von erdölbasierten Transportdienstleistungen.[87] Was die Massenmotorisierung Österreichs mit individuellen Kraftfahrzeugen betrifft, sehen wir bei genauerer Analyse eine beachtliche, wohl vom ersten „Ölpreisschock" induzierte Entwicklung. Nach dem erwartbaren kontinuierlichen und raschen Anstieg in der Nachkriegszeit gingen die PKW-Zulassungen in Österreich zwischen 1971 und 1974 von 52,3 auf 49,0 je 100 Haushalte leicht zurück. Eine Trendumkehr war das allerdings nicht, ab Mitte der 1970er stiegen die Zulassungen wieder deutlich und bereits 1981 kamen auf 100 Haushalte 84,2 zugelassene PKWs.[88]

Dieser sozial-metabolische Befund wurde mit ähnlichem Muster und Verlauf auch für andere Industrieländer gelegt und mit dem stark wertenden Begriff „1970er Syndrom" versehen.[89] Gemeint ist damit im Kern, dass nach einer Phase außerordentlichen physischen wie ökonomischen Wachstums („Große Beschleunigung") diese Gesellschaften in eine Phase der Stabilisierung eintraten. Der Ressourcenverbrauch pendelte sich auf hohem Niveau für wenige Jahrzehnte ein, während die Wirtschaft weiterwuchs, wenn auch langsamer als in den zwei bis drei Nachkriegsjahrzehnten davor.[90] Es ist diese „relative Entkopplung" von

century, in: Ecological Economics 179 (2021), 106824, URL: https://doi.org/10.1016/j.ecolecon.2020.106824.

86 Butschek, Statistische Reihen.
87 Warr/Ayres/Eisenmenger/Krausmann/Schandl, Energy.
88 Roman Sandgruber, Ökonomie und Politik. Österreichische Wirtschaftsgeschichte vom Mittelalter bis zur Gegenwart (Österreichische Geschichte), Wien 1995, 476.
89 Dominik Wiedenhofer/Elena Rovenskaya/Willi Haas/Fridolin Krausmann/Irene Pallua/Marina Fischer-Kowalski, Is There a 1970s Syndrome? Analyzing Structural Breaks in the Metabolism of Industrial Economics, in: Energy Procedia 40 (2013), 182–191, URL: https://doi.org/10.1016/j.egypro.2013.08.022.
90 Während der Ressourcenverbrauch pro Kopf in den 1970er Jahren um 200 GJ/cap/a stagnierte, wuchs das BIP auch pro Kopf zwischen 1970 und 1980 – trotz leichter Rückgänge in den Jahren 1975 und 1978 – weiter, von 16.315 EUR/cap (1970) auf 23.002 EUR/cap (1980),

Wirtschaftswachstum und Ressourcenverbrauch, die dieses „relativ krisenhafte" Jahrzehnt zu einer bemerkenswerten Phase der, im sozialökologischen Sinne, etwa zweihundertjährigen Industrialisierungsgeschichte Österreichs macht.

IV. Syndrom und Diagnose: ein vorläufiges Fazit

Die 1970er-Jahre stehen für vieles, in Österreich vor allem für die „Ära Kreisky" – hohe Zeit sozialdemokratischer Reformen für die einen, Zeit wachsender Staatsverschuldung und schwieriger konservativer Neuorientierung für andere.[91] Sie gelten als volkswirtschaftliches Krisenjahrzehnt nach der „wohl größten Erfolgsstory" (Rathkolb) des sogenannten Wiederaufbaus.[92] Eine umwelthistorische Deutung dieses Jahrzehnts steht für Österreich aus. Sie sollte die verschiedenen sozialökologischen, polit-, wirtschafts-, konsum-, kulturgeschichtlichen und weitere Fäden, die hier verfolgt wurden, zusammenführen und besser miteinander verknüpfen, als es mir hier möglich war. UmwelthistorikerInnen haben mit Blick auf Deutschland und die Schweiz einige Anläufe zu einer umwelthistorischen Einordnung der 1970er unternommen. Was davon lässt sich für Österreich übernehmen und wie können sozial-metabolische Befunde diese Deutungen informieren?

Das vom Schweizer Historiker Christian Pfister erstmals 1992 formulierte „1950er Syndrom" erscheint mir immer noch als ein guter Ausgangspunkt für solch ein Unterfangen. Die Stärke von Pfisters Vorschlag liegt nämlich in der Verknüpfung „wirtschafts-, sozial- und umwelthistorischer Aspekte".[93] Er identifizierte die 1950er-Jahre als „Zäsur" in der Geschichte westeuropäischer Gesellschaften, vor allem mit Blick auf relativ sinkende Energiepreise, den Verbrauch fossiler Energieträger und die Akkumulation von Schadstoffen. Mit seinem schon in der Benennung expliziten Fokus auf die 1950er-Jahre (mehr noch als mit der Konzentration auf die durchaus problematische Kategorie „westeuropäische Gesellschaften") hat Pfister Widerspruch evoziert, auf den er zehn Jahre später so reagierte: „Das 1950er Syndrom beschränkt sich nicht auf die Situation in den 1950er-Jahren, wie irrtümlicherweise oft angenommen worden ist. Vielmehr kennzeichnet es die gesamte seitherige Entwicklung."[94] Die 1950er

---

also um 40,9 Prozent; aus Daten der Weltbank: URL: https://data.worldbank.org/indicator/N Y.GDP.PCAP.KN?end=2021&locations=AT&start=1961&view=chart (abgerufen 27.2.2023).

91 Maderthaner, Ära Kreisky; Gerald Stifter, Die ÖVP in der Ära Kreisky 1970–1983, Innsbruck 2006; Fischer-Kowalski, Kreisky Era.

92 Zit. n. Bischof, Zweite Republik, 167.

93 Arndt, Umweltgeschichte.

94 Christian Pfister, Energiepreis und Umweltbelastung. Zum Stand der Diskussion über das 1950er Syndrom, in: Wolfram Siemann (Hg.), Umweltgeschichte. Themen und Perspektiven,

als „Sattelzeit" und „Epochenschwelle", als Übergang in eine Periode, die auch
am Beginn des 21. Jahrhunderts nicht abgeschlossen ist und zu der folglich auch
die 1970er-Jahre gehören. Pfisters Periodisierungsvorschlag betont einen mit
Ende des Zweiten Weltkriegs anzusetzenden Bruch[95] zu einer aus dem 19. bis weit
ins 20. Jahrhundert hineinreichenden „Industriegesellschaft". Die 1970er-Jahre
sind in dieser Konzeption bloß ein Abschnitt dieser Epoche ungebrochen fortschreitender Umweltbelastung auf Basis billiger Energie. Wenn aber „Wachs-
tumsbeschleunigung" das zentrale Merkmal dieses „1950er Syndroms" ist, ist es
dann nicht irreführend, die 1970er-Jahre darunter umstandslos zu subsumieren?
Selbstverständlich hat auch Pfister „das verlangsamte Wachstum nach der sogenannten Ölpreiskrise" und den „vorübergehenden Einbruch der Kunststoff-
produktion nach der Ölkrise von 1973" bemerkt.[96] Tendenziell blendet sein
„1950er Syndrom" aber aus, was dieses Jahrzehnt gerade aus der von Pfister
geforderten, den Produktionsfaktor Energie (neben Kapital und Arbeit) be-
rücksichtigenden Perspektive bemerkenswert macht: die relative Entkopplung
von Wirtschaftswachstum und Ressourcenverbrauch sowie die Stabilisierung des
Prokopf-Jahres-Energieverbrauchs auf dem (zweifellos ökologisch mehr als be-
denklich) hohen Niveau um die 200 GJ. Das sind exemplarische sozialökologische Befunde, die den Zusammenhang zwischen Energie, Naturverbrauch und
wirtschaftlicher Entwicklung, um den es Pfister im Kern geht, in den 1970ern
deutlich machen.

Aus anderen als solch sozial-metabolischen Gründen hat Patrick Kupper auf
Pfisters „1950er Syndrom" mit seinem Vorschlag einer „1970er Diagnose" ge-
antwortet.[97] Damit benennt Kupper einen „klaren Bruch in der umwelthistorischen Entwicklung" in der Zeit um 1970, allerdings nur – und das ist eine
wichtige Konkretisierung – „sofern die gesellschaftliche Wahrnehmung der
Umwelt ins Zentrum gerückt wird." Der bis dahin dominante „Wachstums- und
Fortschrittsdiskurs" wurde, nicht nur von der neuen Umweltbewegung, aufge-
brochen und in Frage gestellt. Kuppers Formulierung einer „umfassenden
Neudefinierung der Mensch-Umwelt-Beziehungen" um 1970 kann insofern
missverstanden werden, als davon eine „Wende" im „gesellschaftlichen Umgang
mit der Umwelt" dezidiert ausgenommen ist. In sozialökologischer Terminologie
ausgedrückt: Um 1970 verändern sich auch in Österreich die kulturellen Pro-

---

München, 2003, 61–86, 86, URL: https://www.hist.unibe.ch/unibe/portal/fak_historisch/dga
/hist/content/e11168/e52524/e69145/e186327/e188648/40_Pfister-50erSy-2003_ger.pdf (abgerufen 30. 11. 2022).
95 Noch einmal sei an dieser Stelle auf das differenzierte Bild verwiesen, das Ernst Langthaler in
seinem Beitrag in diesem Heft zur Zeit des Nationalsozialismus zeichnet.
96 Pfister, Energiepreis, 66–78.
97 Patrick Kupper, Die „1970er Diagnose". Grundsätzliche Überlegungen zu einem Wendepunkt
der Umweltgeschichte, in: Archiv für Sozialgeschichte 43 (2003), 325–348, 348.

gramme, die Gesellschaft bei ihren kolonisierenden Eingriffen in Natur anlei-
ten.[98] Zu den von Teilen der neuen Umweltbewegung geforderten, fundamen-
talen Änderungen in den (nicht so genannten) metabolischen Austauschbezie-
hungen mit Natur und damit in Strukturen und Organisation der Gesellschaft,
kommt es aber nicht. Das 1972 erstmals eingerichtete „Bundesministerium für
Gesundheit und Umweltschutz", mit dessen Leitung die Ärztin Ingrid Leodolter
betraut wurde, kann als Beispiel angeführt werden für gesellschaftliche Änderungen, sogar an der formalen Spitze des politischen Systems, die mangels politischer Kompetenzen und faktischer Macht im gesellschaftlichen Umgang mit
Natur wenig Unterschied machen konnten.[99]

Frank Uekötter hat darauf aufmerksam gemacht, dass so manche Maßnahme
zum Schutz der Umwelt schon vorher gesetzt wurde, die 1970er-Jahre erscheinen
ihm daher eher als eine „Zeit der Radikalisierung".[100] Andere deutsche Umwelthistoriker betonen dagegen stärker den Zäsurcharakter dieses Jahrzehnts in
Umweltdebatten und -politik (Kai Hünemörder)[101] und im Natur- und Landschaftsschutz (Jens Ivo Engels).[102] Joachim Radkau sah in den 1970ern die erste
Dekade einer neuen „Ära der Ökologie",[103] sie hätte vieles von dem vorbereitet,
was dann ab den 1980er-Jahren umgesetzt wurde, eine Periodisierung, die in
Österreich gerade mit Blick auf die Gedächtnisorte Zwentendorf, Hainburg oder
Tschernobyl viel für sich hat.

Aus einer sozialökologischen, auf die ko-evolutionären Interaktionen zwischen Natur und Gesellschaft fokussierten Sicht, haben all diese Periodisie-
rungsvorschläge vor, in und nach den 1970er-Jahren ihre jeweilige Plausibilität,
sie setzen bloß unterschiedliche Schwerpunkte im sozialökologischen Wir-
kungszusammenhang. In Österreich sehen wir einen Bruch in den kulturellen
Programmen zur Umweltfrage in den 1970ern, wir sehen eine signifikante Ent-
schleunigung des Wirtschaftswachstums und damit in den metabolischen Beziehungen eine Verlangsamung des Naturverbrauchs. Das wurde von einer
Mehrheit der politischen Eliten als „Krise" bewertet, so sehen konnte das aber

---

98 Martin Schmid, Herrschaft und Kolonisierung von Natur: Ein umwelthistorischer Versuch
    zur Integration von Materiellem und Symbolischem in: Mitteilungen der Österreichischen
    Geographischen Gesellschaft 148 (2006), 57–74.
99 Fischer-Kowalski/Payer, Fünfzig Jahre, 561–562.
100 Frank Uekötter, Enzyklopädie deutscher Geschichte. Umweltgeschichte im 19. und
    20. Jahrhundert, (Enzyklopädie deutscher Geschichte 81), 74.
101 Kai F. Hünemörder, Die Frühgeschichte der globalen Umweltkrise und die Formierung der
    deutschen Umweltpolitik (1950–1973), (Historische Mitteilungen Beihefte 53), Stuttgart
    2004.
102 Jens Ivo Engels, Naturpolitik in der Bundesrepublik. Ideenwelt und politische Verhaltens-
    stile in Naturschutz und Umweltbewegung 1950–1980, Paderborn 2006.
103 Radkau, Ära.

nur, wer das exponentielle Wachstum der Wirtschaftswunderjahre für die im-
merwährende Normalität hielt.

Der globale und längerfristige, zumindest die etwa zwei Jahrhunderte der
fossilenergiebasierten Industrialisierung umfassende Blick der Sozialen Ökologie bietet einen alternativen Deutungsrahmen für dieses Jahrzehnt: Die Energiekrisen, die gesellschaftlichen Reformen, die Formierung der neuen Umweltbewegung in Industrieländern wie Österreich, all das und vieles mehr, konnte
den nicht-nachhaltigen Pfad der fossilenergiebasierten Industrialisierung längerfristig nicht entscheidend irritieren. Auf die Stabilisierung und Saturierung in
den 1970ern nach der ersten Großen Beschleunigung ab den 1950ern folgte
global eine zweite Große Beschleunigung ab den 2000er-Jahren. Angesichts gegenwärtiger Klima- und Energiekrisen, massenhafter Biodiversitätsverluste,
zunehmender geopolitischer Spannungen und Krieg mitten in Europa, könnte
man dazu neigen, in den 1970er-Jahren eine im Ansatz gescheiterte Nachhal-
tigkeitstransformation zu sehen.[104] Ein solches Urteil fällt aber weder in die
Kompetenz der Zeit- noch der Umweltgeschichte. Es überfordert auch unsere
Generation, der die Distanz zu den 1970ern noch zu sehr fehlt. Denn diese
Geschichte einer Ära der Ökologie, die in den 1970er-Jahren begonnen hat, ist, so
ist zu hoffen, nicht zu Ende.

---

104 Karl-Werner Brand, „Große Transformation" oder „Nachhaltige Nicht-Nachhaltigkeit"?
    Wider die Beliebigkeit sozialwissenschaftlicher Nachhaltigkeits- und Transformations-
    theorien, in: Leviathan 29 (2021) 2, 189–214.

Katharina Scharf

Die Umweltbewegung in Österreich aus frauen- und geschlechterhistorischer Perspektive. Eine Lang-Zeit-Geschichte

I.   Umweltbewegung und Geschlecht – Ein Forschungsaufriss

Die Anfänge der Umweltbewegung liegen in den 1970er-Jahren, im „Europäischen Naturschutzjahr" 1970, im Club of Rome-Bericht „Die Grenzen des Wachstums" 1972 oder in Österreich in der Besetzung der Hainburger Au 1984. So zumindest lautet das dominierende Narrativ. Für die Zeitgeschichte scheint die Umwelt- oder auch Ökologiebewegung vor allem als Teil der sogenannten Neuen Sozialen Bewegungen ab den 1960er-Jahren relevant zu sein und die „Ökowende" kommt mitunter der Vorstellung einer „Stunde Null" gleich. Das rührt besonders aus der „Geschichtslosigkeit"[1] der „grünen" bzw. ökologischen Bewegung selbst, immerhin widersprachen die „romantisch-konservativen Wurzeln" des vorhergehenden Naturschutzes „dem Selbstverständnis vieler Akteure [bzw. Akteur*innen] als einer kritisch-progressiven Avantgarde".[2] Außerdem erklärt sich diese Geschichtsvergessenheit schlichtweg aus der Problematik der Eingrenzung und Zuordnung, denn die schier unüberblickbare Vielfalt der Ideen, Vorläufer und Strömungen der Umweltbewegung lässt eine umfassende grüne Bewegungsgeschichte als geradezu sinnloses Unterfangen erscheinen.[3] Hier braucht es eine Gegenerzählung oder zumindest eine Differenzierung, die zwar immer wieder betont wurde, aber kaum tatsächlich Eingang in historiographische Meistererzählungen oder Überblickswerke gefunden hat. Es reicht nicht aus, die Umweltbewegung seit den 1970er-Jahren isoliert zu betrachten, sondern es braucht ein Verständnis für die Traditions- und Bruchlinien zwischen der frühen Naturschutzgeschichte seit dem 19. Jahrhundert und der Ökologiebewegung der zweiten Hälfte des 20. Jahrhunderts. Dabei geht es weniger darum,

---

1 Ulrich Linse, Ökopax und Anarchie. Eine Geschichte der ökologischen Bewegungen in Deutschland, München 1986.
2 Ute Hasenöhrl, Zivilgesellschaft und Protest. Eine Geschichte der Naturschutz- und Umweltbewegung in Bayern. 1945–1980, Göttingen 2011, 11.
3 Joachim Radkau spricht etwa vom „Chamäleon Umweltschutz": Joachim Radkau, Die Ära der Ökologie. Eine Weltgeschichte, München 2011, 14.

nach einer Geburtsstunde der Umweltbewegung zu suchen. Worum es geht, ist die verschiedenen Schichten des Umweltschutzes freizulegen, in ihrem jeweiligen historischen Kontext zu verorten und wie ein Rhizom[4] als kontinuierliche, nicht-hierarchische und nicht-teleologische Verwebung zu sehen.[5] Zentrale Grundlagen der Umweltbewegungen der Nachkriegszeit liegen im 19. Jahrhundert, in den diversen Schutzbewegungen, vom Tierschutz, zum Naturschutz, bis zur Lebensreformbewegung. Diese Vorgeschichte(n) können nicht einfach ausgeklammert werden, sondern müssen ein verbindlicher Teil der Geschichte der Umweltbewegung sein. Dabei bedarf es einer genaueren Beleuchtung der synchronen und diachronen Verknüpfungen der Bewegungen (z. B. „rechts"/„links", Friedens-, Frauen-, Umweltbewegung, Tierschutz, Naturschutz etc.) sowie einer Einbindung in gesamtgesellschaftliche Fragestellungen.

Gerade auch der Umwelt(schutz)bewegung geht es in der Grundidee um die bewusste Veränderung von Machtdynamiken sowie um die Reformation bestehender Formen gesellschaftlicher Interkation mit der natürlichen Welt.[6] Aktivistisches Agieren für dieses Ziel kann in den verschiedenen gesellschaftlichen Handlungsräumen stattfinden – sei es in der Wissenschaft (es besteht ein enger Konnex zwischen Wissenschaft/ler*innen und Umweltschutzanliegen), in Kunst und Kultur (Literatur stellte etwa besonders im 19. Jahrhundert ein zentrales Handlungsfeld für Aktivist*innen dar), oder der Politik (z. B. aber nicht nur Parteipolitik).

Besondere Relevanz kommt dabei den Handlungs(spiel)räumen zu. Handlungsspielräume, Handlungsräume und *agency* sind in historischer Perspektive durch die soziale Differenzkategorie bzw. Markierung Gender/Geschlecht bestimmt, was auch im Aktivismus zu geschlechtsspezifischen Entwicklungen geführt hat. Es gibt also keine geschlechtslose Geschichte des (Umwelt-)Aktivismus, wie sie bis dato überwiegend erzählt wird.

Daraus ergibt sich der zweite Aspekt, der im Zentrum dieses Beitrages steht: die „Geschlechterfrage" – die Frage, welche Rolle Geschlecht in den Mensch-, bzw. Gesellschaft-Umwelt-Beziehungen sowie in der Umweltbewegung spielt(e). Erst unter Einbeziehung dieser Fragen ist eine umfassende Rekonstruktion vergangener Umweltbeziehungen und der Geschichte der Umweltbewegungen möglich.

In der deutschsprachigen (und europäischen) Umweltgeschichte allgemein und der Geschichte der Natur- und Umweltschutzbewegungen im Besonderen werden – trotz einer insgesamt sehr reichhaltigen Historie – die Kategorie Ge-

---

4 Vgl. Gilles Deleuze/Félix Guattari, Rhizom, Berlin 1977.
5 Vgl. Frank Uekoetter, Consigning Environmentalism to History? Remarks on the Place of the Environmental Movement in Modern History, in: RCC Perspectives 7 (2011), 1–36, 14.
6 Vgl. ebd., 9.

schlecht sowie die Beteiligung von Frauen[7], wenn überhaupt, in wenigen Sätzen abgehandelt.[8] Dieses Ausklammern sowie Verdrängen von Frauen basiert nicht zuletzt auf überholten Traditionen und Narrativen der Geschichtswissenschaft, derer es entgegenzuwirken gilt.

Die wenigen vorhandenen Studien, die frauen- oder geschlechterhistorische Perspektiven einbeziehen, konzentrieren sich zum einen auf Ausnahmefiguren wie Petra Kelly (1947–1992), Mitbegründerin der Grünen in der BRD. Ihr österreichisches Pendant, Freda Meissner-Blau (1927–2015), findet dagegen weder in der österreichischen Zeitgeschichte noch Umweltgeschichte Beachtung.[9] Zum anderen bleiben die Studien vorwiegend auf die Umweltbewegung der 1970er-Jahre oder spezifische Zeiträume wie die NS-Zeit beschränkt. Forschungen zu Kontinuitäten und Brüchen zwischen dem 19. und 20. Jahrhundert fehlen fast gänzlich.[10] Besonders biografische und akteurszentrierte Perspektiven bieten großes Potenzial für diese Langzeitperspektive, immerhin stellen Lebensläufe wichtige Bindeglieder zwischen historischen Zäsuren dar.

Neben den Akteur*innen stehen besonders auch grundlegende Fragen nach Mensch-Umwelt-Beziehungen im Fokus. In den Gender Studies und der Geschlechtergeschichte spielt zwar die Relation zwischen „Natur"/„Natürlich-

---

7 Der Begriff Frauen meint hier alle Menschen aller Geschlechter, die sich als Frau verstehen. Grundlage ist die Selbstidentifikation der Personen.

8 Aktuelle Bemühungen, dieses Desiderat aufzuarbeiten, sind etwa: Astrid Kirchhof/Laura Schibbe (Hg.), Umweltgeschichte und Geschlecht. Von Antiatomkraftbewegung bis Ökofeminismus (Ariadne – Forum für Frauen- und Geschlechtergeschichte, 64), Kassel 2013; Sophia Leona Rut, Die Heldinnen von Hainburg. Ein umwelthistorischer und frauengeschichtlicher Blick auf die Aubesetzung von Hainburg 1984, Masterarbeit, Alpen-Adria-Universität Klagenfurt 2019; Imke Horstmannshoff, Women's Resistance in the Anti-Nuclear Movement of the Wendland Region. The Gorleben Frauen, 1979–1984, Masterarbeit, Universität Leipzig/Universität Wien 2020; Leonie Hosp, Die Lausmädchen. Frauen in der österreichischen Anti-Atom-Bewegung ca. 1970 bis 1990 (Social Ecology Working Paper 181), überarbeitete Version der Masterarbeit, Wien 2019. Zum Thema des ökologischen Landbaus siehe außerdem: Heide Inhetveen/Mathilde Schmitt/Ira Spieker, Passion und Profession. Pionierinnen des ökologischen Landbaus, München 2021.

9 Petra Kelly ist beinahe die einzige Frau in der deutschsprachigen Forschung, die als Umweltaktivistin bzw. -politikerin hohe Aufmerksamkeit erfährt. Siehe etwa: Saskia Richter, Die Aktivistin. Das Leben der Petra Kelly, München 2010; Stephen Milder, Thinking Globally, Acting (Trans-)Locally. Petra Kelly and the Transnational Roots of West German Green Politics, in: Central European History 43 (2010) 2, 301–326.

10 Wichtige Impulse zu einer frühen (deutschen) Naturschutzgeschichte bietet das Ariadne-Themenheft 64 von Astrid Kirchhof und Laura Schibbe. Darin: Beate Ahr, Engagement von Frauen im frühen Naturschutz. Eine kollektivbiografische Annäherung, in: Astrid Kirchhof/ Laura Schibbe (Hg.), Umweltgeschichte und Geschlecht. Von Antiatomkraftbewegung bis Ökofeminismus, Kassel 2013, 6–15; Birgit Pack, „Der Tierfreund". Der Wiener Tierschutzverein um 1900 und die Frage nach den Tierfreundinnen, in: Kirchhof/Schibbe (Hg.), Umweltgeschichte, 16–25; Zur Umweltbewegung in einer Langzeitperspektive siehe etwa: Anna-Katharina Wöbse/Patrick Kupper, Greening Europe. Environmental Protection in the Long Twentieth Century – A Handbook, Boston 2021.

keit",[11] Umwelten und Geschlecht und den dazugehörigen Ideen und Diskursen eine zentrale Rolle.[12] Allerdings fehlt es wiederum an der historischen Erforschung der Natur- und Umweltschutzbewegungen.

Etwas besser sieht die Lage in der anglo-amerikanischen Forschungslandschaft aus, wo es etwa seit den programmatischen Arbeiten von Carolyn Merchant eine zunehmende Auseinandersetzung mit der Verknüpfung aus Natur, Umwelt, Geschlecht gibt.[13] Selbst hier beklagt Virginia Scharff eine „Genderblindheit", bei der „Mensch" oft synonym mit „Mann" verwendet wird.[14] Nach wie vor gibt es einen männlich heteronormativen *malestream*. Masternarrative, vermeintlich große Themen, Institutionen und Männer sowie vereinzelte „große" Frauen wie Rachel Carson (1907–1964) bestimmen den Diskurs.

Der vorliegende Beitrag soll eben diesem Forschungsdesiderat mit der Darstellung erster empirischer Ergebnisse eines laufenden Forschungsprojektes entgegenwirken.[15]

Außerdem soll mit Glenda Sluga oder Nancy Unger betont werden, dass immer noch und erneut grundlegende Frauenforschung bzw. Grundlagenfor-

---

11 An dieser Stelle kann sowohl die nicht-menschliche Natur als auch eine vermeintliche „Natur des Menschen" oder „Natürlichkeit" gemeint sein. Der Begriff der Natur wird in diesem Beitrag im Sinne eines gemäßigten Konstruktivismus verstanden. Natur ist nichts objektiv Gegebenes, sondern historisch, sozial und kulturell konstruiert. Deren Wahrnehmung, Deutung und Definition kann je nach Zugang mehr oder weniger stark variieren; wobei ein materiell nachweisbarer Teil der Erdoberfläche als Bestandteil dieser konstruierten Kategorie vorhanden bleibt. Natur bezieht sich im Beitrag auf die nicht-menschliche Natur. Im Folgenden wird auf Anführungszeichen verzichtet, der Konstruktionscharakter sei aber mitbedacht.

12 Siehe dazu etwa: Andreas Nebelung/Angelika Poferl/Irmgard Schultz (Hg.), Geschlechterverhältnisse – Naturverhältnisse. Feministische Auseinandersetzungen und Perspektiven der Umweltsoziologie, Wiesbaden 2013.

13 Siehe etwa: Carolyn Merchant, The Death of Nature. Women, Ecology and the Scientific Revolution, San Francisco 1980; Carolyn Merchant, Earthcare. Women and the Environment, New York 1996; Nancy Unger, Beyond Nature's Housekeepers. American Women in Environmental History, Oxford 2012. Siehe auch: James Beatti/Ruth Morgan/Margaret Cook (Hg.), Gender and Environment. International Review of Environmental History. Special issue, 7 (2021) 1; Mary Joy Breton, Women Pioneers for the Environment, Boston 1998; Bruce Erickson/Catriona Mortimer-Sandilands (Hg.), Queer ecologies. Sex, nature, politics, desire, Bloomington 2010; Sherilyn McGregor (Hg.), Routledge handbook of gender and environment, London 2017.

14 Virginia Scharff, Man and Nature! Sex Secrets of Environmental History, in: Virginia J. Scharff (Hg.), Seeing Nature Through Gender, Lawrence 2003, 3–19, 11.

15 Das am Arbeitsbereich Kultur- und Geschlechtergeschichte (Institut für Geschichte) der Karl-Franzens-Universität Graz angesiedelte Projekt erforscht die Rolle von Frauen* (Menschen aller Geschlechter und sexueller Identitäten, die sich als Frau verstehen) in den Natur- und Umweltschutzbewegungen vom späten 19. bis späten 20. Jahrhundert, im deutschsprachigen Raum. Es handelt sich um eine Verbindung zwischen Umwelt- und Geschlechtergeschichte sowie Biografieforschung, in einer Langzeitperspektive.

schung in der Frauen- und Geschlechtergeschichte nötig ist.[16] Zum einen gibt es insbesondere in der Umweltgeschichte keine hinreichende Datenbasis für frauenbiografische Forschungen. Zum anderen geht es darum, eine bestehende Geschichte zu hinterfragen und neu zu denken. Es scheint beinahe überflüssig zu erwähnen, dass Frauen keine homogene Gruppe sind – aber der historische Fokus auf Frauen als Individuen oder heterogene Kategorie ermöglicht Analysen von geschlechtlichen Machtverhältnissen, Handlungs(spiel)räumen, Geschlechterbildern und -diskursen, Weiblichkeiten und Männlichkeiten sowie Sexualitäten im Kontext Umweltbeziehungen, der Bewegungen und des Aktivismus.

In diesem Beitrag wird indes nicht nur das Desiderat einer Verbindung aus Umwelt- und Geschlechtergeschichte, sondern darüber hinaus deren Verknüpfung mit der Zeitgeschichte adressiert. Sowohl die Umwelt- als auch die Geschlechtergeschichte sind stärker epochenübergreifend bzw. langzeitperspektivisch konzipiert und bieten damit herausfordernde sowie bereichernde Zugänge für die Zeitgeschichte, die bis dato noch nicht ausgeschöpft sind. Robert Groß und Martina Gugglberger fällen in dem Sammelband „Österreichische Zeitgeschichte – Zeitgeschichte in Österreich" ähnliche Urteile zu den beiden Disziplinen. Groß: „Umweltgeschichte und Zeitgeschichte sind in Österreich akademische Welten, die nur selten miteinander kooperieren."[17] Gugglberger: „Politische Zeitgeschichte, Fragen der Periodisierung, aber auch Erinnerungspolitiken bleiben nach wie vor von geschlechterhistorischen Fragestellungen und Forschungsergebnissen weitgehend unberührt."[18]

Eine zeithistorische Betrachtung der Österreichischen Geschichte, die sich weniger an den politischen Umbruchphasen und -jahren orientiert, sondern an einer *longue durée* mit Kontinuitäten und Brüchen, verspricht mithilfe der Trias Zeit-, Umwelt-, Frauen-/Geschlechtergeschichte fruchtbringende Kombinationsmöglichkeiten und Perspektivenwechsel.[19]

Dieser Beitrag soll und kann keine vollständige Einlösung einer solchen langzeitperspektivischen Synthese dieser Trias darstellen, aber exemplarische Einblicke skizzieren und offene Fragen andiskutieren.

16　Vgl. Glenda Sluga, ‚Add Women and Stir'. Gender and the History of International Politics, in: Humanities Australia 5 (2014), 65–72; Nancy Unger, Women and Gender. Useful Categories in Environmental History, in: Andrew C. Isenberg (Hg.), The Oxford Handbook of Environmental History, Oxford/New York/Auckland 2014, 600–643.

17　Robert Groß, Zeitgeschichte und Umweltgeschichte, in: Marcus Gräser/Dirk Rupnow (Hg.), Österreichische Zeitgeschichte – Zeitgeschichte in Österreich. Eine Standortbestimmung in Zeiten des Umbruchs, Wien 2021, 618–637, 618.

18　Martina Gugglberger, Geschlecht, in: Gräser/Rupnow, Österreichische Zeitgeschichte 2021, 217–235, 234.

19　Der räumliche Fokus des Beitrages liegt auf Österreich, unter Berücksichtigung der Entwicklungen im benachbarten und für die Vernetzung und Vorbildwirkung wichtigen Deutschland.

II.   Traditionslinien in den Mensch-Umwelt-Beziehungen

Das Bewusstsein, dass Ressourcen endlich sind und zur Erhaltung der Lebens-
grundlage auch verschiedener Steuerungen bedürfen, ist keineswegs neu. So
reichen etwa Regulierungsvorschriften für Landschaften bis ins Mittelalter zurück.[20] Die ästhetische Wertschätzung nicht-menschlicher Natur und Landschaften war ein zentrales Moment das sich, besonders in der Kunst, über die
Jahrhunderte entfaltete. Eine breite Wahrnehmungsveränderung, dass die Umwelt bzw. Natur eines umfassenden Schutzes für die aber genauso vor der
Menschheit bedurfte, setzte allerdings erst später ein – und zwar im 19. Jahrhundert, als die Kehrseiten des expansiven Fortschrittsgedankens, der Industrialisierung und der „Dominanz des Menschen über die Natur sowie deren
Ausbeutung zu anthropogenen Zwecken" immer offenkundiger wurden.[21] Die
einschneidenden Veränderungen von Gesellschaften, Lebenswelten und Landschaften wurden zunehmend als Bedrohung wahrgenommen und verstärkten die
Idee der Schutzbedürftigkeit. In dieser Zeitschicht lassen sich elementare Ent-
wicklungslinien der Natur- und Umweltschutzbewegungen verorten, die für eine
Geschichte des Umweltbewusstseins und der Umweltbewegung unabdingbar
sind und sich mit korrelierenden Beispielen in der Zeitgeschichte verknüpfen
lassen. Die Einbindung der frauen- und geschlechterhistorischen Perspektive
ermöglicht eine Erweiterung dieser Geschichte(n).

1.   Ästhetik und „Heimat"

„Also ich bin in Hainburg geboren und aufgewachsen und daher hat meine Heimat für
mich einen riesengroßen Stellenwert. Und als es damals im Jahre '79 hieß, da wird ein
Kraftwerk gebaut, ist für mich ein Supergau der Gefühle losgebrochen, und ich habe
gewusst: Das muss verhindert werden mit aller Kraft! Und ich bin sofort eingestiegen
und hab dann gleich eine Bürgerinitiative gegen das Kraftwerk gegründet, weil für mich
die Au der Inbegriff von Heimat ist."[22] (Valerie Fasching)

„Das hat mir so ein bisschen das Gefühl gegeben ich verteidige nicht irgendwas Ab-
straktes, sondern: das ist unmöglich, dieses Paradies zu zerstören! Und nachdem das
dann gut ausgegangen ist, wow […]. Das war einfach total schön, dieses Gefühl:

---

20 Vgl. Annette Kehnel, Wir konnten auch anders. Eine kurze Geschichte der Nachhaltigkeit,
    München 2021.
21 Thomas Adam, Die Verteidigung des Vertrauten. Zur Geschichte der Natur- und Umwelt-
    schutzbewegungen in Deutschland seit Ende des 19. Jahrhunderts, in: Zeitschrift für Politik 45
    (1998) 1, 20–48, 20.
22 Valerie Fasching, zit. n. Rut, Die Heldinnen, 43.

Wahnsinn, wir haben das echt geschafft, das zu bewahren und zu erhalten!"[23] (Gabriela Markovic)

„Für die Natur wollte ich Dinge durchsetzen und das, was so wunderschön und wertvoll ist und an dem ich so unendlich hänge, erhalten. Diese wunderschönen Landschaften, die ich als Kind erlebt habe, die als Kind meine Spielplätze waren – alles mittlerweile zugemauert und zubetoniert, sodass da nichts mehr wachsen kann. Es wird systematisch zerstört, was auch uns Menschen am Leben erhält. […]
Wir hatten alle dasselbe Ziel: Diese Au, dieser Auwald darf nicht für ein Wasserkraftwerk kaputt gemacht werden."[24] (Freda Meissner-Blau)

Drei Frauen sprechen hier über die Stopfenreuther Au, Schauplatz der Besetzung der Hainburger Au 1984, heute Teil des Nationalparks Donau-Auen. Die drei Zitate verbinden wesentliche Elemente des Naturschutzes: so etwas wie ein Heimatgefühl, emotionale Verbundenheit einer Naturlandschaft gegenüber – vor allem in Verbindung mit Kindheitserfahrungen – und die Wahrnehmung einer Landschaft als schön, ästhetisch und wertvoll. Bilder und Vorstellungswelten einer vermeintlich unberührten, schön anzusehenden, in irgendeiner Form „wertvollen" Natur sind zentrale Grundanliegen des historischen Naturschutzes, die aber so flexibel waren, dass sie vielseitig eingesetzt und mit anderen Anliegen verbunden werden konnten. Die Besetzung der Hainburger Au wurde zu einem Symbolakt des zivilgesellschaftlichen Aufbegehrens gegen die Herrschenden und des Kampfes um die österreichische Naturlandschaft.[25]

Allein an diesem Beispiel zeigt sich die Ambivalenz der Umweltbewegung: In der Stopfenreuther Au fanden die verschiedensten Menschen sowie Natur- und Umweltschutzansprüche kurzweilig zusammen und offenbarten die parallel verlaufenden und überlappenden Schichten der Geschichte der Umweltbewegung. Die Ideen des 19. Jahrhunderts von Heimat und ästhetischem Wert österreichischer Landschaften sowie ökologische Konzepte des Umweltschutzes spielten hier genauso eine Rolle wie rechts-konservative Ideen des Lebens- und „Volksschutzes". Gerade auch der Zusammenhalt der Personen und Gruppen verschiedener Herkunft, die im Kampf für den Umweltschutz notgedrungen zusammenfanden, ist mittlerweile zu einem idealisierten Narrativ der Umweltbewegung avanciert. Freda Meissner-Blau erinnerte sich entsprechend: „Ich habe mich nie in Österreich so integriert gefühlt, wie da in der Au. Das war eine

23 Gabriela Markovic, zit. n. Rut, Die Heldinnen, 44.
24 Freda Meißner-Blau, Die Frage bleibt. 88 Lern- und Wanderjahre. Im Gespräch mit Gert Dressel, Wien 2014, 190, 196.
25 Siehe etwa: Robert Kriechbaumer, Nur ein Zwischenspiel (?). Die Grünen in Österreich von den Anfängen bis 2017, Wien 2018; Heinz Fischer/Andreas Huber/Stephan Neuhäuser (Hg.), 100 Jahre Republik. Meilensteine und Wendepunkte in Österreich 1918–2018, Wien 2018.

einmalige Erfahrung der Freundschaftlichkeit, der Solidarität [...]."[26] In ihren Lebenserinnerungen berichtete sie von diesem gemeinsamen Kampf in der Hainburger Au, bei dem sie mit sehr unterschiedlichen Leuten zusammentraf und somit über sich hinauswachsen musste.[27] Die steirische Aktivistin Rosina Weber (*1933) – eine Mitstreiterin von Erich Kitzmüller (*1931), dem Mitbegründer der Alternativen Liste Österreichs (ALÖ) – äußert sich dazu ähnlich: „Da hat man gelernt auch umzugehen, zum Beispiel mit wirklich rechten, unangenehmen Patronen, die einmarschiert sind und das Ruder ergreifen haben wollen und mit den äußerst fleißigen Maoisten."[28]

Im einenden Kern ging es in den Auseinandersetzungen um die Frage: Bewahren oder Erschließen? Sollte eine Natur- oder Kulturlandschaft erhalten oder technisch durch ein Kraftwerk erschlossen werden? Diese Frage war keineswegs neu. Ein solcher Konflikt entbrannte etwa schon um 1900 bei den Krimmler Wasserfällen. Die geplante Wasserkraftnutzung dieses touristisch vermarkteten Naturschauspiels führte um 1899 zu vehementen Protesten seitens der Bevölkerung, vor allem aus den Reihen der alpinen Vereine. Aus diesen Debatten heraus wurde im Salzburger Landtag ein „Gesetz zum Schutz hervorragender Naturschaustücke" vorgebracht (aber nicht sanktioniert). Seit 1983 sind die Krimmler Wasserfälle Teil des Nationalparks Hohe Tauern und unterliegen damit dem Nationalparkgesetz, das deren Erhalt gewährleistet. Die vehementen Schutzbestrebungen, die besonders mit dem Tourismus argumentiert wurden, waren ausschlaggebend für diese Entwicklung.[29]

Der Gedanke, dass Landschaften durch menschliches Eingreifen entwertet und zerstört wurden, brachte den Naturschutz im 19. Jahrhundert in Bewegung, der vor allem den Erhalt bestehender Zustände fokussierte und in enger Verbindung mit der Denkmalpflege (z.B. „Naturdenkmäler") und dem Heimatschutz stand.[30] Stereotypisierte Landschaften wurden konstruiert, als schutzwürdig anerkannt und mit patriotischen Heimatschutzgedanken verbunden. Für den Naturschutz spielten die sogenannte Heimatliebe oder auch Heimatverbundenheit und räumlicher (lokaler, regionaler, nationaler) Stolz eine zentrale

---

26 Interview: Freda Meissner-Blau, Stadt Wien, 2013, online unter: https://www.wien.gv.at/video /176/Freda-Meissner-Blau-(Politikerin).

27 Meissner-Blau, Die Frage, 208–209.

28 Interview: Rosina Weber & Erich Kitzmüller, Katharina Scharf, 3.6.2022, Aufnahme bei der Autorin.

29 Vgl. Katharina Scharf, Alpen zwischen Erschließung und Naturschutz. Tourismus in Salzburg und Savoyen 1860–1914, Innsbruck 2021, 189–190.

30 Vgl. Christina Pichler-Koban u.a., Die österreichische Naturschutzbewegung im Kontext gesellschaftlicher Entwicklungen, in: Nils M. Franke/Uwe Pfenning (Hg.), Kontinuitäten im Naturschutz, Baden-Baden 2014, 181–207, 187.

Rolle.[31] Auch die eingangs zitierte Aktivistin Valerie Fasching betont: „Natur und Heimat ist für mich von Kindheit an eines. Weil das immer so eine schöne Einheit war. Wir haben eine ganze Menge Kulturdenkmäler, viel kulturelle Vergangenheit in Hainburg."[32]

Ein Teil der im 19. Jahrhundert aufblühenden Heimatschutzbewegung war der Erhalt der Natur als Teil der lokalen Lebenswelt, die für die individuelle und kollektive Identität zentral erschien.[33] Die Natur gehörte genauso wie die Architektur, das Brauchtum oder auch die Landwirtschaft zu einem erhaltenswerten, konstruierten Ganzen.[34]

Ein Begriff, der hierbei immer wieder zutage tritt, ist jener der Ästhetik oder auch der Schönheit (z. B. „Naturschönheiten"). Ästhetik wurde und blieb ein zentrales Kriterium für Schutzwürdigkeit. Was als ästhetisch anerkannt wird, ist freilich kontext- und zeitgebunden.[35] In den einführenden Zitaten und vielen Erzählungen rund um die Besetzung wird die Stopfenreuther Au vor allem als Wildnis imaginiert, als etwas Archaisches. Die Umweltforscherin Sophia Rut betont dementsprechend: „Was die Naturverständnisse ‚Wildnis' und ‚Heimat' verbindet, ist die positive Bewertung einer als aus sich selbst heraus wertvoll verstandenen Natur."[36] Auch wenn ästhetisches Wohlgefallen in der Umweltbewegung der zweiten Hälfte des 20. Jahrhunderts allein nicht mehr als Schutzargument ausreichte, so blieb es doch ein präsentes Motiv.

Besonders aufschlussreich ist hier die Berücksichtigung der Verbindung aus Natur- und Geschlechtervorstellungen. Die Riege der diskursbestimmenden Natur- und Heimatschützer war männlich dominiert, die Diskurse zu Naturverhältnissen und Naturschutzansprüchen steckten indes voller Weiblichkeitsmetaphern und weiblicher Ästhetik. „Das bürgerliche Verständnis einer schützenswerten Natur der Natur- und Heimatschutzbewegung des 19. Jahrhunderts" kann als „Abbild der damaligen Gesellschaftsstruktur samt ihrer Geschlechter-

---

31 Vgl. Scharf, Alpen, 188; Nils Magnus Franke, Naturschutz – Landschaft – Heimat. Romantik als eine Grundlage des Naturschutzes in Deutschland, Wiesbaden 2017.

32 Valerie Fasching, zit. n. Rut, Heldinnen, 59.

33 Der Begriff der Heimat birgt viele Ambivalenzen und historisch gewachsene Belastungen – insbesondere durch die nationalsozialistische Konnotation – in sich, die an dieser Stelle erwähnt, aber nicht in ihrer Breite diskutiert werden können.

34 Vgl. Thomas Rohrkrämer, Bewahrung, Neugestaltung, Restauration? Konservative Raum- und Heimatvorstellungen in Deutschland 1900–1933, in: Wolfgang Hardtwig (Hg.), Ordnungen in der Krise. Zur politischen Kulturgeschichte Deutschlands 1900–1933, 49–68.

35 Hier ließen sich außerdem verwandte Begriffe wie „Charisma" untersuchen, besonders im Kontext des Tierschutzes. So urteilt Joachim Radkau als Beispiel, dass der Fleckenkauz einfach nicht charismatisch genug war, um als schutzwürdig anerkannt zu werden, im Vergleich zu den beliebten Gorillas, Löwen oder Eisbären. Vgl. Radkau, Die Ära, 394–395.

36 Rut, Heldinnen, 60.

ordnung" identifiziert werden.[37] Die jungfräuliche Natur wurde erobert und kultiviert, gleichzeitig als hilfloses Opfer geschützt. Natur- und Weiblichkeits-konzeptionen stabilisierten sich „wechselseitig als machtvolle diskursive Normen" und festigten „eine binär hierarchisch angelegte symbolische Ordnung".[38] Hier sei auch bereits auf den Ökofeminismus aufmerksam gemacht, der in seiner Grundidee die Verbindung zwischen der Unterdrückung von Frauen und der Natur verweist.[39] Gleichzeitig haben US-amerikanische Forschungen den Konnex von Outdoor-Aktivitäten und Wildnisgebieten mit Vorstellungen heterosexueller Männlichkeit aufgezeigt – zum Beispiel im Civilian Conservation Corps (CCC).[40] Auch in (Naturschutz-)Organisationen wie dem Alpenverein ist die Analyse von Geschlechtervorstellungen substanziell. Immerhin waren Gesundheit, Körperlichkeit und idealisierte männlich-alpine Leistungen hier von großer Relevanz.[41] Vorstellungswelten von Weiblichkeit und Männlichkeit bzw. von männlichen und weiblichen Körpern gingen in Verbindung mit Schönheit, Ästhetik und konservativ-patriotischen Geschlechterbildern Koalitionen ein.

Für die Traditionslinien dieser Schutzbewegungen dürfen außerdem rechtsgerichtete Strömungen nicht außer Acht gelassen werden. Anti-modernes, antisemitisches, deutschnationales und völkisch-rassistisches Gedankengut waren zentrale Elemente vieler sozialer Bewegungen des 19. und 20. Jahrhunderts. Kontinuitäten zeigen sich dabei auch in der Umweltbewegung der Nachkriegszeit, in denen rechte, nationalsozialistische, rassistische und ökofaschistische Traditionen und Ideen von Beginn an ihren Platz hatten.[42] Ein Beispiel ist der 1960 in Salzburg gegründete Weltbund zum Schutz des Lebens (WSL), der ein Bindeglied zwischen der Umweltbewegung und der rechtsextremen Szene, zwischen kulturpessimistischem Konservatismus und biologistischen Rechten darstellte und sie im Protest gegen die Atomtechnologie vereinte. Zentrale Persönlichkeiten im WSL waren, neben dem Gründer und ehemaligen (illegalen)

---

37 Christine Katz/Tanja Mölders, Schutz, Nutzung und nachhaltige Gestaltung – Geschlechteraspekte im Umgang mit Natur, in: Sabine Hofmeister/Christine Katz/Tanja Mölders (Hg.), Geschlechterverhältnisse und Nachhaltigkeit. Die Kategorie Geschlecht in den Nachhaltigkeitswissenschaften, Opladen/Berlin/Toronto 2013, 269–277, 272.

38 Ebd., 274.

39 Siehe etwa: Lara Stevens/Peta Tai/Denis Varney, Feminist Ecologies. Changing Environments in the Anthropocene, Cham 2018.

40 Simon Bryant, „New Men in Body and Soul": The Civilian Conservation Corps and the Transformation of Male Bodies and the Body Politic, in: Scharff, Seeing Nature, 80–102.

41 Siehe dazu etwa: Wibke Backhaus, Bergkameraden. Soziale Nahbeziehungen im alpinistischen Diskurs (1860–2010), Frankfurt/New York 2016; Dagmar Günther, Alpine Quergänge. Kulturgeschichte des bürgerlichen Alpinismus (1870–1930), Frankfurt a. Main/New York 1998.

42 Der Begriff „Ökofaschismus" meint hier rechte ökologische Ideologien bzw. die Inkorporation ökologischer Motive im Bereich faschistischer, nationalsozialistischer, rassistischer Denkansätze.

NSDAP-Mitglied Günther Schwab (1904–2006), auch Werner Haverbeck (1909–1999), der auf eine schillernde Karriere im Nationalsozialismus zurückblicken konnte und seine Frau Ursula Haverbeck-Wetzel (* 1928), die noch heute als Rechtsextremistin und Holocaust-Leugnerin aktiv ist.[43] Auch Petra Kelly war etwa Teil des WSL-Netzwerkes und fand mit Ursula Haverbeck Anknüpfungspunkte im Bereich „Frauen und Umwelt".[44] Aus der Perspektive des Lebensschutzes, der auch als Menschenschutz definiert wurde, galt die vorwiegende Sorge dem Aspekt der Gesundheit, konkret der „Volksgesundheit".

2. Gesundheit und Überleben

> „Aber was ist denn mit der sogenannten normalen Umgebung? Können wir ‚normales' Gemüse oder Obst noch essen, ohne Schäden für die Gesundheit befürchten zu müssen? Wie steht es um das Grundwasser? Was atmen wir mit der Luft ein? Welche chemischen Stoffe sind in unserer Kleidung oder sonstigen Umgebung enthalten? […] Was steht uns noch bevor? – Haben unsere Kinder noch eine Zukunft? Diese Fragen und Sorgen führten uns zusammen. Wir, das sind etwa 20 Frauen, die zum jetzigen Zeitpunkt entweder schwanger sind oder Säuglinge und Kleinkinder haben. Wir sind Hausfrauen, berufstätig oder in Ausbildung mit sehr verschiedenen sonstigen Interessen. Die Sorge um unsere Kinder verbindet uns. Wir haben unsere Kinder geboren, damit sie leben und gesund bleiben!"[45]

Eines der stärksten Motive der Mensch-Umwelt-Beziehungen war und ist die Gesundheit – die Sorge um die eigene Gesundheit und jene der Kinder und zukünftiger Generationen –, die bereits in der Hygienebewegung und der Lebensreformbewegung des 19. Jahrhunderts zum Tragen kam und später insbesondere in der Antiatombewegung der 1970er-Jahre einen Höhepunkt erfuhr.[46] Im Zentrum der Lebensreformbewegung stand die Idee einer sogenannten naturnahen Lebensführung, wobei Natur keineswegs einheitlich verstanden wurde, sondern im Kern „die Natur in uns, die Natur um uns herum und die Natur als Norm oder Essenz" vereinte.[47] Die vielfach geforderte Rückkehr zur Natur strebte

---

43 Vgl. David Kriebernegg, Braune Flecken der Grünen Bewegung. Eine Untersuchung zu den völkisch-antimodernistischen Traditionslinien der Ökologiebewegung und zum Einfluss der extremen Rechten auf die Herausbildung grüner Parteien in Österreich und in der BRD, Dipl. Arb., Karl-Franzens-Universität Graz 2014, 145, 177–178.

44 Silke Mende, „Nicht rechts, nicht links, sondern vorn". Eine Geschichte der Gründungsgrünen, München 2011.

45 Broschüre „Muttermilch – Ein Menschenrecht" 1981, Archiv Grünes Gedächtnis (AGG), Bestand A – Kelly, Petra K., 2940.

46 Siehe etwa: genanet/Ulrike Röhr (Hg.), Frauen aktiv gegen Atomenergie – wenn aus Wut Visionen werden. 20 Jahre Tschernobyl, Norderstedt/Wiesbaden 2006.

47 Thomas Rohrkrämer, Eine andere Moderne? Zivilisationskritik, Natur und Technik in Deutschland 1880–1933, Paderborn 1999, 28.

eine Symbiose von Menschen und ihren Umwelten als Lösung der sogenannten
Zivilisationskrankheiten und -schäden, die durch eine „unnatürliche" Lebensweise bzw. Umweltbedingungen hervorgerufen wurden, an.[48] Einige Vertreter*innen der Lebensreformbewegung artikulierten auch ein frühökologisches
Bewusstsein, bei dem Wechselwirkungen zwischen Mensch und Umwelt erörtert
wurden. Im Zentrum dieser heterogenen Bewegung standen Vegetarismus, Na-
turheilkunde, Körperkultur und Siedlungstätigkeiten. Allerdings gab es viele
Überschneidungen mit anderen zeitgenössischen Reformbewegungen wie dem
Natur- und Tierschutz-, der Hygiene-, Jugend-, Arbeiter-, Friedens-, und Frauenbewegung.[49]

Eine weitere bedeutsame Schnittstelle zwischen Naturschutz und Gesundheit
offenbart der 1895 in Wien gegründete „Touristenverein. Die Naturfreunde".
Hier trafen Arbeiterbewegung und Naturschutz, sowie Lebensreform aufeinander. Während für den Initiator Georg Schmiedl (1855–1929) – ein Lebensrefor-
mer – im Vordergrund stand, die Arbeiter*innen aus den Fabriken, Wirtshäu-
sern und kleinen Wohnungen in die gesunde Natur zu bringen, stand beim
Mitbegründer Karl Renner (1870–1950) das politische Motiv, der Kampf der
Arbeiterschaft, an erster Stelle.[50] Von den Wiener Naturfreunden hieß es dazu
1929:

> „Und unsere ganze Naturfreundebewegung bezweckt ja nichts anderes, als den werk-
> tätigen Menschen körperliche Freude – Gesundheit, Wohlbefinden, Spannkraft – ge-
> paart mit geistiger Freude – Erleben der Natur, Genießen ihrer Schönheit, Willens-
> stählung, bereichertes Gefühlsleben – zu vermitteln."[51]

Die Idee eines schönen, gesunden Lebens in und mit der Natur erreichte in der
zweiten Hälfte des 20. Jahrhunderts mit den wissenschaftlichen Erkenntnissen
zur Atom- bzw. Kernkraft und zum Klimawandel neue Ausmaße. Der Schutz der
Umwelt schien damit nicht mehr nur lobens- und lohnenswert, sondern zwin-
gend notwendig für ein Überleben. Ein einschneidendes Ereignis war Tschernobyl 1986, das die bereits davor bewusst gemachten Risiken akut dringlich

---

48 Dabei dürfen antisemitische, völkisch-rassistische, deutschnationale oder anti-moderne
   Schlagseiten und Entwicklungen der Lebensreformbewegungen nicht außer Acht gelassen
   werden.
49 Vgl. Eva Barlösius, Naturgemäße Lebensführung. Zur Geschichte der Lebensreform um die
   Jahrhundertwende, Frankfurt a. Main 1997; Bernd Wedemeyer-Kolwe, Aufbruch. Die Lebensreform in Deutschland, Darmstadt 2017.
   Welche Bewegungen genau der Lebensreform zugerechnet werden, variiert.
50 Vgl. Günther Sandner, Zwischen proletarischer Avantgarde und Wanderverein. Theoretische
   Diskurse und soziale Praxen der Naturfreundebewegung in Österreich und Deutschland
   (1895–1933/34), in: zeitgeschichte 23 (1996) 9/10, 306–318, 314; Unser Ehrentag. Zur
   Schutzhaus-Eröffnung am 12. August 1907, in: Der Naturfreund 11 (1907) 9, 165–176, 174.
51 Der Wiener Bote. Mitteilungen des Gaues Wien im T.-V. „Die Naturfreunde". Beilage zum
   „Naturfreund", 5/6 (1929), III.

werden ließ, auch in Österreich. Schwangere und stillende Frauen sahen sich als besonders vulnerable Gruppe. Neben der erhöhten körperlichen Vulnerabilität – die im Begriff der Umweltgerechtigkeit (*environmental justice*) zum Tragen kommt und neben Geschlecht Diskriminierungen in Bezug auf andere Differenzkategorien wie *race*, Ethnie oder soziale Herkunft hervorhebt – wurde eine sozial entstandene Vulnerabilität von Frauen diskutiert. Aufgrund der herrschenden geschlechtshierarchischen Arbeitsteilung hätten Frauen die Folgen von Tschernobyl drastischer zu spüren bekommen.[52]

Als diskursprägend zeigten sich in dieser Hinsicht die zahlreichen Mütter-Gruppierungen, die allerorts gegründet wurden. In Linz wurden etwa von Mathilde Halla (* 1944) – die auch im Widerstand gegen das Kernkraftwerk in Zwentendorf aktiv war – die „Mütter gegen Atomgefahr Oberösterreich" ins Leben gerufen, in Salzburg von Karoline Hochreiter (*1950) die „Mütter für eine atomfreie Zukunft" und in Wien von Maria Urban (*1934) die „Frauen für eine Atomkraftfreie Zukunft".[53] Die Frauen für eine Atomkraftfreie Zukunft konstatierten 1998:

> „Wir FRAUEN sind die ERHALTERINNEN des LEBENS! Wir FRAUEN sind daher besonders betroffen durch lebenszerstörende Elemente wie Atomwaffen. Wir FRAUEN fordern ein LEBEN OHNE ANGST vor: Bedrohung durch Atomwaffen, Strahlenunfällen, Verseuchung des Bodens und der Lebensmittel durch radioaktive Strahlung, Erbschäden durch Strahlung."[54]

Die diversen Frauen- und Müttergruppen waren aber keineswegs homogen in ihrer Positionierung zu Fragen der Frauenbewegung oder der Konzepte von Frausein und Weiblichkeit. Viele der Gruppen verstanden sich zwar nie selbst als feministisch, haben sich aber strategisch über ihre Weiblichkeit legitimiert und für ihre Anliegen mobilisiert. Dabei wurden insbesondere differenzorientierte und bisweilen (spirituell-)ökofeministische Argumente ins Feld geführt. Im Zentrum stand die weibliche Gebärfähigkeit als Argument für eine „natürliche" Verantwortung für „das Leben" im Allgemeinen und damit auch für die Natur/ Umwelt und alle Lebewesen.[55] Einerseits verweist das auf Bildwelten und Ge-

---

52 Vgl. Hosp, Die Lausmädchen, 18, 95.
53 Vgl. ebd., 48; Mathilde Halla, Von Tschernobyl bis Temelin – oberösterreichische Frauen im Widerstand, in: genanet/Röhr, Frauen aktiv, 81–83; Mathilde Halla, Linzer Mütter gegen Atomenergie, in: Heimo Halbrainer/Elke Murlasits/Sigrid Schönfelder (Hg.), Kein Kernkraftwerk in Zwentendorf! 30 Jahre danach, Weitra 2008, 67–68.
54 Einladung zur Kundgebung am Weltfrauentag 1998, STICHWORT. Archiv der Frauen- und Lesbenbewegung, Frauen für eine Atomkraftfreie Zukunft, G305.
55 Vgl. Horstmannshoff, Women's Resistance, 62.
    Hier kamen also durchaus traditionelle Weiblichkeitskonzepte zum Tragen, wie sie für die Aktivistinnen in Wyhl oder auch in Gorleben identifiziert werden konnten. Vgl. Jens Ivo Engels, Gender roles and the German anti-nuclear protest. The women of Wyhl, in: Christoph

schlechtervorstellungen, die seit der Ersten Frauenbewegung zentral waren, andererseits entfalteten auch differenzfeministische und ökofeministische Perspektiven ein heterogenes Spektrum. Außerdem darf der Aspekt eines sogenannten strategischen Essentialismus, also die bewusst eingesetzte Argumentation essentialistischer Bilder, nicht unterschätzt werden.[56]

Die Verbindung zwischen Antiatom- und Frauenbewegung wird von vielen Frauen, zumindest rückblickend, als nebensächlich beurteilt. So schätzt Rosina Weber ihre eigene Beteiligung – sowie die von Freda Meissner-Blau und Petra Kelly, mit denen sie in Kontakt war – allein als Umweltschutz und nicht als Frauenbewegung ein.[57] Trotz diverser Kooperationen und ideeller Überschneidungen, stand für die jeweiligen aktivistischen Gruppen meist ein Hauptanliegen im Vordergrund. Aus rückblickender Perspektive können viele umweltschützerische (Frauen-)Gruppen in ihren Anliegen und Wirkungen dennoch der Frauenbewegung zugerechnet werden.[58]

Was sie zweifelsohne einte, war der Aspekt der Gesundheit und des menschlichen Körpers.[59] Der Begriff der Gesundheit kann aber auch auf die geistige oder emotionale Gesundheit von Individuen und Gesellschaften erweitert verstanden werden, die etwa in der Sorge um die Verrohung von Menschen zum Ausdruck kommt und in den Bereich der Fürsorge übergeht.

3.   Sorge und Fürsorge

In ihrem Buch „Schach der Qual" forderte die Friedensaktivistin Bertha von Suttner (1843–1914) im Jahr 1898 die Abschaffung der Vivisektion[60] und prangerte im Sinne des Empathie- und Abstumpfungsargumentes die unnötige Tierquälerei an.[61] Das Recht von Tieren auf ein Dasein ohne Qualen wurde als

---

Bernhardt/Geneviève Massard-Guilbaud (Hg.), The modern demon. Pollution in urban and industrial European societies, Clermont-Ferrand 2002, 407–424.

56 Hier lässt sich nach einem strategischen Essentialismus fragen, wie ihn Gayatri Spivak vorschlägt. Vgl. Elisabeth Eide, Strategic Essentialism, in: Nancy A. Naples (Hg.), The Wiley Blackwell Encyclopedia of Gender and Sexuality Studies, Malden 2016.

57 Vgl. Interview: Rosina Weber & Erich Kitzmüller, Katharina Scharf, 3.6.2022, Aufnahme bei der Autorin.

58 Vgl. Astrid Mignon Kirchhof, Frauen in der Antiatomkraftbewegung. Am Beispiel der Mütter gegen Atomkraft, in: Kirchhof, Umweltgeschichte und Geschlecht, 48–57.

59 Das mitunter größte Konfliktthema, das quer durch die verschiedenen Feminismen Risse zog, war, in dieser Hinsicht des (weiblichen) Körpers, die Frage des Schwangerschaftsabbruchs. Hinzu kamen außerdem Debatten um die Gentechnologie.

60 Vivisektion ist der Eingriff am lebenden Tier zu wissenschaftlichen, besonders medizinischen, Versuchszwecken.

61 Bertha von Suttner, Schach der Qual. Ein Phantasiestück (Gesammelte Schriften. Zehnter Band), Dresden o.J [1898], 38–53.

„Gradmesser dafür, wo die Linie zwischen Barbarei und Zivilisation verlief", verstanden.[62] Bertha von Suttner verwies wiederholt auf die Bedeutung des Tierschutzes im Kontext des Pazifismus und agitierte in der Anti-Vivisektions-Bewegung.[63] Die inhaltliche und personelle Nähe des Tierschutzes zur Friedensbewegung[64] zeigt sich auch daran, dass die großen internationalen Tierschutzkonferenzen bei Mitgliedern der Friedensbewegung auf starke Resonanz stießen und der Völkerbund zu einer Anlaufstelle vieler Protagonist*innen wurde, die „Tierschutz als Teil einer universalen Friedensbildung verstanden wissen wollten".[65]

Eine Verflechtung bestand auch zwischen dem Tierschutz und der Frauenbewegung.[66] In der englischen Tierrechtsbewegung griffen Aktivist*innen bewusst auf die Darstellung der gemeinsamen Unterdrückung und Ausbeutungserfahrung von Frauen und Tieren zurück – hier finden sich Ansätze des späteren Ökofeminismus – und das Frauenwahlrecht wurde als Voraussetzung für die Erwirkung von Tierrechten betrachtet.[67]

Die Beziehung zwischen Mensch und Tier bzw. Menschen und nichtmenschlichen Tieren, und damit des Tierschutzes in seinen verschiedenen Facetten, ist ein wichtiger Teilbereich des Natur- und Umweltschutzes.[68] Im Wesentlichen lässt sich für die Anfänge des Tierschutzes im 19. Jahrhundert zwischen einem zweckrationalen Tier- und Naturschutz (nützliche Tiere, Arterhaltung usw.) und einem ethisch-moralischen Tierschutz (Tierquälerei)

---

62 Anna-Katharina Wöbse, Weltnaturschutz. Umweltdiplomatie in Völkerbund und Vereinten Nationen 1920–1950, Frankfurt a. Main 2012, 136.
63 Ebd.; vgl. Wolfram Schlenker, Tierschutz und Tierrechte im Königreich Württemberg. Die erste deutsche Tierschutz- und Tierrechtsbewegung 1837, die drei württembergischen Tierschutzvereine ab 1862 und ihre Tiere, Wiesbaden 2022, 587.
64 Siehe etwa: Renate Brucker, Tierrechte und Friedensbewegung. „Radikale Ethik" und gesellschaftlicher Fortschritt in der deutschen Geschichte, in: Dorothee Brantz/Christof Mauch (Hg.), Tierische Geschichte. Die Beziehung von Mensch und Tier in der Kultur der Moderne, Paderborn 2010, 268–285.
65 Wöbse, Weltnaturschutz, 136, 26.
66 Zur Thematik erscheint 2023 ein Beitrag der Autorin zu „Natur- und Tierschutzaktivistinnen in der Habsburgermonarchie", in dem Sammelwerk „Politisches Handeln von Frauen in der Habsburgermonarchie, 1780–1918", herausgegeben von Barbara Haider-Wilson und Waltraud Schütz.
67 Mieke Roscher, Engagement und Emanzipation. Frauen in der englischen Tierschutzbewegung, in: Brantz/ Mauch, Tierische Geschichte, 286–303, 295–296.
Für die Habsburgermonarchie ist ein solcher Diskurs nur in abgeschwächter Form rekonstruierbar. Hier fehlt es noch an empirischen Forschungen.
68 Der Mensch (Homo Sapiens) ist nach der biologischen Systematik eine Art der Gattung Homo, die zur Familie der Menschenaffen und damit zu den Säugetieren gehört. Um die Dichotomisierung „Mensch vs. Tier" aufzubrechen und zu verdeutlichen, dass Menschen auch Tiere sind, gibt es etwa den Ausdruck „nicht-menschliche Tiere". Im Folgenden werden Tiere implizit als „nicht-menschliche" Tiere verstanden, es wird aber begrifflich nicht weiter explizit darauf verwiesen.

unterscheiden, wobei die Grenzen nicht immer scharf zu ziehen sind. Besonders der für Mitgefühl plädierende und emotionalisierende Tierschutz rief geschlechtsspezifische Kritiken hervor. Eine vermeintlich überhöhte Sentimentalität wurde dazu verwendet, ihnen Unglaubwürdigkeit und Unsachlichkeit zuzuschreiben und besonders die Männlichkeit der Tierschützer in Frage zu stellen. Die „unvernünftige Tierliebe" und unmännliche „Empfindeley" wurden der sachlich-wissenschaftlichen Männlichkeit gegenübergestellt.[69] Umso weniger erstaunt die Tatsache, dass der emotionalisierende Kampf für Tierschutz und Tierrechte von Beginn an „durch die Dominanz weiblicher Aktivistinnen geprägt" war. Auch wenn sie „meist hinter den Kulissen" agierten.[70]

Eine Sonderstellung nahmen Vögel ein, die offenbar besondere Faszination evozierten. Ab ca. 1800 wurden sie als insektenfressende Helfer in der Land- und Forstwirtschaft für schutzwürdig erklärt. Ab ca. 1830 kam ein ethischer und emotionalisierender Anspruch hinzu, der zu einer Gründungwelle von Vogelschutzvereinen ab den 1860er-Jahren beitrug.[71] Die Vogelliebhaberei und der Vogelschutz wurden zu einem beliebten Betätigungsfeld für adelige und bürgerliche Frauen. Zum Hauptstrang wurde der Kampf gegen den Vogelfang für die Mode, was allein Frauen als Konsumentinnen angelastet wurde.[72] Es ging nicht einfach nur um den Umgang mit tierischer/nicht-menschlicher Natur, sondern um Vorstellungen von Weiblichkeit und vermeintlicher Natürlichkeit. Die Grausamkeit des „Vogelmordes" und der exzessive Konsum wurden als Bruch mit den von der bürgerlichen Frauenbewegung propagierten Weiblichkeitsidealen und der versprochenen „sittlichen Erneuerung" der Gesellschaft kritisiert.[73]

Jene Frauen, die sich dem Schutz der Vögel verschrieben, wurden nicht selten mit der Zuschreibung der Mütterlichkeit versehen. Die einzige bis heute berühmte deutsche Naturschützerin, Lina Hähnle (1851–1941), wurde als „Vogelmutter" bekannt. Das erinnert an das beliebte Sujet der „Mutter Natur" bzw. „Mutter Erde". In diesem Bild liegt eine starke Symbolkraft, sodass es von Umweltaktivist*innen kontinuierlich verwendet wurde und wird. Es veranschaulicht die komplexen Verstrickungen aus Natur-/Umweltdenken und Geschlecht sowie eine essentialistisch gedachte Vorstellung der Ur-Verbindung

---

69 Vgl. Schlenker, Tierschutz, 36.
70 Roscher, Engagement, 286.
71 Vgl. Friedemann Schmoll, Erinnerungen an die Natur. Die Geschichte des Naturschutzes im deutschen Kaiserreich, Frankfurt a. Main 2004, 249–252.
72 Immerhin gab es auch Federschmuck in der Männermode, Trachten, Militärmode etc.
73 Vgl. Bernhard Gißibl, Paradiesvögel. Kolonialer Naturschutz und die Mode der deutschen Frau am Anfang des 20. Jahrhunderts, in: Johannes Paulmann/Daniel Leese/Philippa Söldenwagner (Hg.), Ritual – Macht – Natur. Europäisch-ozeanische Beziehungswelten in der Neuzeit, Bremen 2005, 131–154.

zwischen Frau, Mütterlichkeit und Natur. Die Reduktion auf mütterliche, karitative Fürsorge war im 19./frühen 20. Jahrhundert durchaus auch ein Mittel, um die Aktivitäten von Frauen kleinzureden. Dem breiten Spektrum politischer und aktivistischer Ambitionen der Frauen wird das nicht gerecht.[74] Freda Meissner-Blau betonte später, dass es ihr ein großes Anliegen war Feminismus und Ökologie zu verbinden und auf die Tagesordnung grüner Politik zu bringen. Sie reagierte aber ablehnend auf das ihr zugeschriebene stereotype Bild der Mutter. Freda, wie auch Petra Kelly, wurde als „Mutter der Grünen" bezeichnet, worauf sie entgegnete: „Das hasse ich! Es gibt Männer, die mütterlicher sind als ich; ich habe mich nie als Übermutter gesehen, auch gegenüber den eigenen Kindern nicht."[75]

Mütterlichkeit und Muttersein lassen sich keineswegs unidirektional auflösen, sondern wurden in den diversen Ideen, Motiven und Bewegungen heterogen und ambivalent eingesetzt und gedeutet. So entbrannte etwa um das 1987 veröffentlichte „Müttermanifest" eine Debatte zur Frauenpolitik der Grünen in der Bundesrepublik Deutschland und zu Vorstellungen traditionell weiblicher und männlicher Bereiche.[76] Trotz dieser Ambivalenzen bleibt aber die Vorstellung der „naturgemäß" fürsorglichen und mütterlichen Frau eine Bilderwelt, die aus den Mensch-Umwelt-Beziehungen nicht wegzudenken ist und ein durchgängiges Element der Umweltbewegungen darstellt. Die Vorstellungen von Weiblichkeiten, Männlichkeiten, Mütterlichkeit und Für-/Sorge müssen in die Geschichte der Umweltbewegung eingebunden werden.[77]

Identitätsstiftendes Ausmaß wie Hainburg oder Zwentendorf kann tierschützerischen Aktionen in der Nachkriegszeit in Österreich wohl kaum zugeschrieben werden. Der Tierschutz konnte sich, wenn, dann vor allem als Teil des Natur- und Umweltschutzes etablieren (v. a. Artenvielfalt). Was aber bei dieser Traditionslinie im Kern wichtig ist, ist der Aspekt der Fürsorge für nichtmenschliche Lebewesen, der stark weiblich konnotiert und mit der Sorge um die Erde verbunden ist. Darin kommt besonders der Care-Begriff zum Tragen, denn „die Gesamtheit der Wechselbeziehungen zwischen Lebewesen und ihren Um-

---

74 Selbst wenn das Bild der (Vogel-)Mutter für viele der (bürgerlichen) Frauen ein hohes Lob war.

75 Meissner-Blau, Die Frage, 139.

76 Vgl. Claudia Pinl, Schöne Grüße von Norbert Blüm. „Neue (grüne) Mütterlichkeit" – eine ökologische Frauenpolitik?, in: DIE GRÜNEN/AK Frauenpolitik (Hg.), Frauen & Ökologie. Gegen den Machbarkeitswahn, Köln 1987, 113–118; Yanara Schmacks, „Motherhood Is Beautiful". Maternalism in the West German New Women's Movement between Eroticization and Ecological Protest, in: Central European History 53 (2020), 811–834.

77 Zum Thema Männlichkeit und Umwelt siehe etwa: Martin Hultman/Paul M. Pulé (Hg.), Ecological Masculinities. Theoretical Foundations and Practical Guidance, New York 2018; Paul M. Pulé/Martin Hultman (Hg.), Men, Masculinities, and Earth. Contending with the (m)Anthropocene, Cham 2021.

welten ist stets an Tätigkeiten der Fürsorge gebunden".[78] Und gerade die Vorstellungen einer zu schützenden und bewahrenden Natur oder Umwelt dienten
der Legitimation und Festigung von Geschlechterstereotypen wie dem Anspruch
eines weiblichen Fürsorge-Instinkts, der sich auf alle Lebewesen übertragen ließ
und später zur Figur der Frau als *natural environmental carer* beitrug.[79] Fragen
der Care-Ethik und der symbolisch hoch aufgeladenen Mütterlichkeit müssen
zum einen dekonstruiert, zum anderen in den Diskursen der Österreichischen
Zeitgeschichte aufgespürt und ihrer Verbindung mit der Umweltgeschichte betrachtet werden.

Die Traditionslinien von Heimat, Ästhetik, Für-/Sorge, Gesundheit und
Überleben veranschaulichen die Notwendigkeit einer Langzeitperspektive, bei
der Umbrüche zwar konstant eingebunden, aber nicht zwangsläufig als Zäsuren
der zeithistorischen Periodisierung im Vordergrund stehen. Im Folgenden sollen
demgegenüber zwei Bruchlinien in dieser Geschichte herausgearbeitet werden.

III.   Bruchlinien in den Mensch-Umwelt-Beziehungen

Die eingangs zitierte „Geburt" der modernen Umweltbewegung lässt sich nicht
einfach auf ein einzelnes Ereignis oder einen Umstand zurückführen, sondern
entwickelte sich in einem komplexen Wechselspiel zwischen den Neuen Sozialen
Bewegungen, dem sozialen Wandel und den Umbrüchen in den (geschlechtlichen) Beziehungen von Menschen und Gesellschaften zu ihren Umwelten. Für
diese Umbrüche lassen sich zentrale Auslöser und Triebfedern ermitteln. Zu-
sammengefasst unter den Schlagworten Krieg, Technologie, Konsum und Men-
talität sollen solche im Folgenden skizziert werden.

1.   Krieg und Technologie

„Planmäßig, unerbittlich präzis, hatte das Zerstörungswerk eingesetzt. Um 5 Uhr
45 Minuten früh hatte Oberleutnant Mlaker selbst durch einen Druck auf den Knopf des
Glühzündapparates die Sprengladung entzündet – die Simonespitze war gewesen. Ein
ungeheurer, 22 Meter tiefer, etwa 50 Meter breiter Sprengtrichter klafft wie eine schwere

---

78   Susanne Schmidt/Lisa Malich, Cocooning: Umwelt und Geschlecht. Einleitung, in: NTM.
     Zeitschrift für Geschichte der Wissenschaften, Technik und Medizin 29 (2021) 1, 1–10, 1.
79   Zur Figur der Frau als „natural environmental carer" siehe etwa: Melissa Leach: Earth Mother
     Myths and Other Ecofeminist Fables. How a Strategic Notion Rose and Fell, in: Development
     and Change 38 (2001) 1, 67–85.

Wunde am Körper der Mutter Erde dort, wo vordem der Gipfel weithin sichtbar auf-
tragt. Ringsum ein Trümmerfeld."[80]

Was hier in technischer Begeisterung erzählt wird, ist eine Gipfelsprengung im
Ersten Weltkrieg. Solche Sprengungen von Berggipfeln avancierten im sogenannten Alpenkrieg zu einem wichtigen militärstrategischen Mittel. Die damit
einhergehende großflächige Zerstörung und Veränderung (alpiner) Landschaften ist ein wichtiges Thema der Umweltgeschichte.[81] Kriege führen im Allgemeinen zu ökologischen Disruptionen und hinterlassen ihre materiellen und
immateriellen Spuren. Gleichzeitig können Extremereignisse wie Kriegserfah-
rungen zu einschneidenden (Um-)Brüchen der menschlichen Wahrnehmungen
von Landschaften (z. B. *mental maps*) und Umwelten führen. Freda Meissner-
Blau deutete ihre Erfahrungen mit der zerstörten Kriegslandschaft nach dem
Zweiten Weltkrieg als einschneidendes Moment ihrer Biografie und als bestim-
mend für den Wunsch nach Erneuerung und Wiederaufbau.

> „Es war Chaos, es war Not, es gab Flüchtlingsströme. Aber irgendwo hatte man doch
> eine Orientierung: Man wollte wieder aufbauen, man wollte, dass das Töten ein Ende
> hat, dass der Schmerz aufhört, dass wir die Menschen, deren Spuren wir verloren haben,
> wiederfinden."[82]

Die Erfahrung von zerstörten Landschaften und menschlichem Leid, brachte sie
zu der Einsicht, dass der Wiederaufbau Veränderungen mit sich bringen musste.
Dabei begann sich nicht nur ihr Engagement für den Frieden zu entwickeln,
sondern auch ihre gesteigerte Wertschätzung für „schöne" Landschaften. Die
emotionale Bindung an „die Natur" offenbart sich gerade in den Wünschen und
Forderungen der Menschen, die zerstörten Naturräume zu regenerieren sowie in
der Verknüpfung lebhaft gedeihender Landschaften mit Frieden und „Heimat".[83]
Die (beabsichtigten und unbeabsichtigten) Umweltschäden durch Kriege
sind vielfältig – von zerstörten und verwüsteten Landschaften, verbrannten
Wäldern, verschmutzter Luft und kontaminiertem Grund-/Wasser, sowie einer
beeinträchtigten Landwirtschaft und Nahrungsmittelversorgung, bis hin zu
Kollateralschäden wie der Beschädigung von Atomkraftwerken. Kriegerische
Auseinandersetzungen haben kontinuierlich tiefgreifende Spuren im 19. und
20. Jahrhundert hinterlassen und damit einhergehend auch zu Brüchen in der

---

80 Die Sprengung des Monte Simone-Gipfels, in: Österreichisches Kriegs-Echo. Illustrierte
    Wochen-Chronik 103 (November 1916), 8–10, 10.
81 Vgl. Tait Keller, The Mountains Roar. The Alps during the Great War, in: Environmental
    History 14 (2009) 2, 253–274.
82 Meissner-Blau, Die Frage, 112.
83 Vgl. Tait Keller, Mobilizing Nature for the First World War. An Introduction, in: Richard P.
    Tucker/Tait Keller/J.R. McNeill/Martin Schmid (Hg.), Environmental Histories of the First
    World War, Cambridge/New York 2018, 1–16, 14.

Umweltwahrnehmung und -bewegung geführt. Die beiden Weltkriege stellten zweifellos einen Einschnitt in der Umweltbewegung dar, immerhin schien der Schutz der Natur angesichts des großen menschlichen Leids erst einmal nebensächlich. Der Natur- und Umweltschutz blieb aber durchgehend als ein wichtiges gesellschaftliches Anliegen bestehen und konnte unmittelbar nach den Kriegen von Einzelpersonen und Gruppen nahtlos und mit neuem Fahrtwind wieder aufgenommen werden.

Für die Umweltbewegung waren es, mehr noch als die Kriege, technologische Innovationen bzw. die breite Diffusion von Technologien, die zu Umbrüchen führten. Ein Beispiel auf internationaler Ebene ist das zur „Bibel der Umweltbewegung" avancierte Werk „Silent Spring" von Rachel Carson, in dem sie die verheerenden Auswirkungen von DDT[84] bzw. synthetischen Pestiziden für ein breites Publikum verständlich machte. Eine einzelne Person, die mit ihrer Forschung bzw. einer Publikation auf die Auswirkungen der chemischen Industrie auf die Umwelt, aufmerksam machte, bewirkte eine immense Schlagkraft – auch als Vorbild für österreichische Aktivist*innen – und initiierte einen Umbruch im Verständnis der Mensch-Umwelt-Beziehungen.[85] In den Reaktionen auf Carson's Werk kamen außerdem symbolisch aufgeladene Geschlechterbilder und Machtstrukturen zum Vorschein, wenn sie etwa als nicht ernst zu nehmende „hysterische" „alte Jungfer" oder „Hexe" diskreditiert wurde.[86]

Der Erfolg von „Silent Spring" fiel (in den USA) indes mit Nuklearängsten, aufgeregten Debatten über nuklearen Fallout und steigenden Ängsten um die Gesundheit der Menschen zusammen. Philipp Gassert urteilt dazu, „dass die breite soziale Einwurzelung eines modernen Umweltbewusstseins und die Entstehung einer modernen Umweltbewegung nicht nur zeitlich in die Epoche des Ost-West-Konflikts fallen, sondern eng mit der Geschichte des Kalten Krieges verknüpft sind."[87] Genauso eng damit verknüpft ist die Durchsetzung der neuen Technologie der Kernenergie. Deren breitenwirksame Umdeutung als gesundheits- und friedensbedrohende Gefahr führte zur Antiatombewegung, die wiederum einen Kern der Umweltbewegung darstellte.

---

84 Dichlordiphenyltrichlorethan ist ein seit den 1940er Jahren eingesetztes Insektizid.
85 Vgl. Radkau, Die Ära, 132–133.
86 Vgl. Joni Seager, Rachel Carson was right – then, and now, in: Sherilyn MacGregor (Hg.), Routledge handbook of gender and environment, London 2017, 27–42.
87 Philipp Gassert, Die Entstehung eines neuen Umweltbewusstseins, in: Bernd Greiner/Tim B. Müller/Klaas Voß (Hg.), Erbe des Kalten Krieges, Hamburg 2013, 343–364, 344.

2.   Mentalität und Konsum

„Denn ökologische Haushaltsführung bedeutet nun einmal Mehrarbeit: Müll trennen, Energie sparen, sich über umweltverträgliche Produkte zu informieren und auf die gesunde Lebensweise der Kinder zu achten, all das kostet unbezahlte Zeit. [...] Besonders benachteiligt sind also wieder einmal die Frauen. Als Mütter leiden sie mit an den Umwelterkrankungen (Atemwegserkrankungen, Allergien, Hautkrankheiten) ihrer Kinder. Als Hausfrauen und Konsumentinnen sind sie zuständig für die Reparaturen der zerstörten Umwelt."[88]

Der 1986 in Köln abgehaltene Kongress „Frauen & Ökologie" veranlasste viele Beteiligte, sich mit Fragen zur „Macht des Konsums" auseinanderzusetzen.[89] Kritikerinnen verurteilten den Ruf nach ökologisch-verantwortungsvollem Konsumverhalten als erschreckend ignorant gegenüber Frauen. Was sich hier bereits andeutet, sind zum einen schwelende Konflikte zwischen der Frauen- und Ökologiebewegung,[90] die von vielen wie Petra Kelly, aber keineswegs von allen, als Einheit verstanden wurden, und zum anderen der Konsum als ein zentrales Diskurselement der Umweltbewegung sowie gesellschaftsprägender Wandlungsfaktor der Nachkriegszeit. Eng mit der – geschlechtsspezifischen – Konsumgeschichte ist außerdem die Abfallgeschichte verbunden. Man denke hier zum Beispiel an die „Windelproblematik". Die Einwegwindel wurde als „Objekt der industriellen Massenkultur" geradezu revolutionär zum Symbol der „Convenience".[91] Für die meisten Konsument*innen spielte der Umweltaspekt zunächst eine eher geringe Rolle, in der gesellschaftlichen Debatte wurde die Einwegwindel allerdings zum „ökomoralisierenden" Dauerthema in Österreich. „Der 30-jährige ‚Religionskrieg' um etwaige Umweltauswirkungen von Einwegwindeln wird hauptsächlich über deren Beitrag zum Müllaufkommen geführt" und vor allem als Verantwortung von Frauen als Konsumentinnen betrachtet.[92] Geschlechterverhältnisse spielten in der Debatte eine zentrale Rolle, denn „ob der Müll der Einwegwindel fortzuschaffen ist oder Stoffwindeln gewaschen werden müssen, beides ist Frauenarbeit".[93]

---

88 Martina Närr, Umwelt-Hoffnung Frauenpolitik, in: an.schläge. (Dezember 1994/Jänner1995), 24; siehe auch: Angelika Birk/Irene Stoehr, Der Fortschritt entläßt seine Tochter. Widersprüche zwischen Emanzipationslogik und Öko-Logik, in: DIE GRÜNEN/AK Frauenpolitik, Frauen & Ökologie, 59–70.
89 Vgl. Halo Saibold, Widerstand durch den Einkaufskorb. Die Macht des Konsums, in: DIE GRÜNEN/AK, Frauen & Ökologie, 165.
90 Vgl. Zurück zur Natur, in: EMMA. Das Magazin von Frauen für Frauen 11 (1986), 10.
91 Martin Schmid/Ortrun Veichtlbauer, Vom Naturschutz zur Ökologiebewegung. Umweltgeschichte Österreichs in der Zweiten Republik, Innsbruck/Wien/Bozen 2006, 73.
92 Ebd., 61.
93 Ebd., 76.

Ein weiterer Schauplatz des konsumhistorischen Wandels nach 1945 ist der Tourismus. Martin Schmid und Ortrun Veichtlbauer streichen – auf die Frage nach einem speziell österreichischen Weg der Modernisierung nach 1945, in Verbindung mit der Umweltgeschichte – die Bedeutung des Tourismus heraus, denn „Modernisierung wurde vor allem dann begrüßt, wenn sie dazu beitrug Fremde ins Land zu bringen, und so Einkommen und Arbeitsplätze schuf".[94] Besonders, aber nicht nur in Österreich, war der Tourismus ein richtungsweisender Sektor der „Wohlstandsgesellschaft" der Nachkriegszeit. Die immense Intensivierung und Ausbreitung des Tourismus und neuer Tourismusformen ging mit einer Veränderung in der Wahrnehmung von Landschaften sowie der tatsächlichen Transformation von Landschaften einher.[95] „Neue, durch den Konsum eröffnete Erlebniswelten und von kurzlebigen Konsumgütern provozierte Praktiken hatten Einfluss auf die Mentalitäten".[96] Mitverantwortlich war dafür etwa das Luxusgut Automobil.[97] Hier erscheint konsumgeschichtlich eine Übergangsphase zwischen der Datierung einer Epochenschwelle in den 1950er-Jahren und den 1970er-Jahren sinnvoll, da viele der gesellschaftsverändernden Konsumgüter erst nach und nach für die Mehrheit der Bevölkerung erschwinglich wurden.[98] Sina Fabian urteilt dazu in ihrer Studie zu Konsum, Tourismus und Autofahren für den Zeitraum 1970–1990: „Der Jahresurlaub war sowohl in emotionaler als auch in finanzieller Hinsicht ein Konsumgut von besonderer Bedeutung. Deshalb sind Urlaubsreisen auch besonders geeignet, um den Auswirkungen der wirtschaftlichen und gesellschaftlichen Entwicklungen auf die breite Bevölkerung nachzugehen."[99]

Für den gesellschaftlichen Wandel der zweiten Jahrhunderthälfte war der Umweltschutz – in Verbindung mit Fragen des Konsums, der Müllproduktion und -beseitigung und der Erschließung österreichischer Landschaften – eine zentrale Triebkraft. Die Durchschlagskraft der europäischen Umweltbewegung, oder auch die sogenannte Ökowende, stellt spätestens ab den 1970er-Jahren einen Markstein der Österreichischen Zeitgeschichte dar. Es vollzog sich, wenn

---

94 Ebd., 80.
95 Vgl. Jens Ivo Engels, Umweltgeschichte als Zeitgeschichte, in: Politik und Zeitgeschichte 56 (2006) 13, 32–38, 34; Robert Groß, Die Beschleunigung der Berge. Eine Umweltgeschichte des Wintertourismus in Vorarlberg/Österreich (1920–2010), Wien/Köln/Weimar 2019; Robert Groß/Martin Knoll/Katharina Scharf, The European Recovery Program (ERP)/Marshall Plan in European Tourism, Innsbruck 2020.
96 Engels, Umweltgeschichte, 34; vgl. Ernst Hanisch, Landschaft und Identität. Versuch einer österreichischen Erfahrungsgeschichte, Wien 2019.
97 Vgl. Cord Pagenstecher, Die Automobilisierung des Blicks auf die Berge. Die Grossglocknerstrasse in Bildwerbung und Urlaubsalben, in: Histoire des Alpes 9 (2004), 245–264.
98 Vgl. ebd.
99 Sina Fabian, Boom in der Krise. Konsum, Tourismus, Autofahren in Westdeutschland und Großbritannien 1970–1990, Göttingen 2016, 121.

man so will, ein Wertewandel, zumindest auf diskursiver Ebene. Was sich vor
allem wandelte, war die Rolle, die der Menschheit als Ganzes zugewiesen wurde.
Zum Ausdruck bringt das der erste Satz aus dem Programm der Liste Freda
Meissner-Blau 1986: „Zum ersten Mal in der Geschichte ist der Fortbestand der
Menschheit durch sie selbst bedroht."[100] Die Ökologiebewegung im 20. Jahrhundert wurde „mit Recht als Indikator weitreichender Wandlungsprozesse und
als wichtigster Beleg für den säkularen Wertewandel in westlichen Gesellschaften
interpretiert."[101]

IV.   Resümee

Im 19./frühen 20. Jahrhundert lassen sich zahlreiche Motive, Diskurse und Bewegungen ausmachen, die Natur- und Umweltschutzgedanken in sich trugen,
aber keine homogene Gruppierung oder Idee darstellten. Natur- und Heimatschutz verstanden sich zwar selbst als Bewegung mit politischen Forderungen,
viele Ambitionen waren vorwiegend aber Bestandteile übergeordneter (z. B. so-
zialpolitischer) Anliegen. Um 1900 gipfelten diese erstmals in einer „„Sattelzeit'
hin zur ökologischen Moderne"[102] – wie es der Umwelthistoriker Joachim Radkau bezeichnet –, in der viele Elemente einer modernen Umweltbewegung öffentlich in Erscheinung traten und besonders der Naturschutz an Fahrtwind
aufnahm und institutionalisiert sowie verstaatlicht wurde. Auch die Umweltbewegung der zweiten Hälfte des 20. Jahrhunderts war alles andere als eine homogene Bewegung. In ihr verbanden sich in singulärer, kollektiver und diskursiver Hinsicht sowohl seit dem 19. Jahrhundert tradierte Ideen aus dem Natur-
und Tierschutz, aus dem Lebensschutz, aus links- sowie rechtsgerichteten und
konservativen Bewegungen als auch neue ökologische Konzepte des Umweltschutzes. Die Verstrickungen und Interdependenzen der mannigfachen Bewegungen waren nicht nur ein Charakteristikum im späten 19. und frühen
20. Jahrhundert, sondern genauso der Umweltbewegung der 1970er-Jahre. Persönlichkeiten wie Freda Meissner-Blau oder Petra Kelly waren in ihren Grundanliegen bereichsübergreifend und verstanden die Umweltbewegung prinzipiell
als Konglomerat von Friedens-, Frauen- und Umweltschutzbewegung. In der
grünen Politik fand sicherlich eine gewisse homogenisierende Institutionalisierung statt, im Bereich des Umweltaktivismus blieb aber eine Form des Plura-
lismus vorhanden, auch wenn eine deutlich(er)e Trennung in „links vs. rechts"

---

100 Grüne Alternativen für ein neues Österreich. Offenes Kurzprogramm. Die grüne Alternative:
     Liste Freda Meissner-Blau, Österreichische Gesellschaft für Zeitgeschichte, Nachlass Freda
     Meissner-Blau 1976–2013, DO116–1166, NL 111.
101 Engels, Umweltgeschichte, 35.
102 Radkau, Die Ära, 58.

stattfand, die der Umweltbewegung heute weitgehend das Label „links" zu-
schreibt – eine Ausnahme ist etwa der „Ökofaschismus" bzw. die „rechte Ökologie".

Von einer klaren Trennung zwischen Natur-/Umweltschutz bis 1950 und ab
1950/1970 auszugehen, erscheint angesichts der starken Traditionslinien hin-
fällig. Gleichzeitig lassen sich verschiedene Bruchlinien aufspüren, die Wandlungen in der Umweltbewegung seit dem 19. Jahrhundert verdeutlichen – darunter etwa Extremereignisse wie Kriege, die Durchsetzung neuer Technologien
und gesellschaftliche Wandlungsprozesse, etwa im Konsumverhalten.

Sowohl in den Traditions- als auch den Bruchlinien spielen Fragen der Ge-
schlechter(-vorstellungen) eine zentrale Rolle. In der vermeintlich weiblichen
Verantwortung eines umwelt- oder auch tierfreundlichen Konsumverhaltens
sowie einer grundlegenden mütterlichen Sorge um das Leben auf der Erde
kommen Geschlechterbilder und ihre Relevanz für die Umwelt(-bewegung) nicht
nur diskursiv zum Ausdruck, sondern zeigen ihre alltäglichen Auswirkungen auf
die Mensch- bzw. Gesellschaft-Umwelt-Beziehungen und das Umweltverhalten.
Männlichkeiten stehen etwa im Naturschutz als nicht-emotionale, sondern
sachliche Angelegenheit im Vordergrund, zum Beispiel in der Maskulinisierung
von Landschaften oder der vermeintlich männlichen Domäne der Umweltpolitik. Hier braucht es zweifelsfrei noch weiterführende Forschungen, um tatsächlich Geschlechterbilder in einer Langzeitgeschichte des Umweltschutzes nach-
zuzeichnen.

Die Narrative der österreichischen Umweltbewegung sind nach wie vor
männlich. Genauso wie die Geschichte der Umweltbewegungen im deutschsprachigen Raum. Gerade aber in der Langzeitperspektive von Kontinuitäten
und Brüchen der Umweltbewegung sind diese Bildwelten sowie individuellen
Erfahrungen von Akteur*innen maßgebend. Das Spektrum kollektiver und individueller Motivationen zum Umweltschutz ist mit den hier skizzierten Linien
und Punkten noch keineswegs erschöpft. Die Unzufriedenheit mit dem herrschenden System, mit der Politik und die Forderung eines Umbaues der pa-
triarchalen Gesellschaft waren ganz wesentliche Triebkräfte, die hier kaum
hervorgehoben wurden. Jedoch wurde durch die zentralen Tradition- und
Bruchlinien eine potenzielle Verknüpfung der Umwelt-, Geschlechter- und
Zeitgeschichte aufgezeigt.

zeitgeschichte extra

Matthias Marschik / Michaela Pfundner

Flugdächer der Moderne. Die Tankstellen des Lothar Rübelt

Die Fotografie einer Tankstelle um 1960 scheint auf den ersten Blick ein Bild von marginaler Bedeutung zu sein. Das Interesse wird erst geweckt, wenn es im Bildarchiv der Österreichischen Nationalbibliothek (ÖNB) zu finden ist und hohe künstlerische Fertigkeit ausstrahlt. Das verwundert freilich nicht, heißt der Fotograf doch Lothar Rübelt. Im folgenden Artikel soll anhand der Abbildung eines ephemeren Bauwerkes einerseits dessen Noema („Es ist etwas gewesen") im Sinne von Roland Barthes untersucht werden und andererseits der „iconic turn"[1] ernst genommen werden, der uns generell eine an der Eigenlogik des Bildes orientierte Sichtweise auf das Vergangene nahelegt.

Ein Blick in den Bestand der ÖNB, die große Teile des Nachlasses von Lothar Rübelt verwaltet, zeigt, dass Rübelt sich immer wieder dem Motiv der Tankstelle gewidmet hat. Allein das Online-Archiv weist zwischen 1927 und 1964 insgesamt 87 Fotos mit diesem Sujet aus. Meist handelt es sich um Schwarz-Weiß-Aufnahmen, es finden sich aber auch Farbfotos, was bemerkenswert ist, weil sich Rübelt nie so recht mit der Colorfotografie anfreunden konnte. Die Differenzen zwischen den Fotos aus der Zwischen- und jenen aus der Nachkriegszeit sind eklatant. Atmosphärische Inszenierungen aus den 1930er-Jahren stehen statischen, hochgradig inszeniert wirkenden Darstellungen in den 1950er- und 1960er-Jahren gegenüber, die in deutlichem Kontrast zur vormaligen Rasanz und modernen Bildersprache stehen.

In den Fotos der Tankstellen vermischen sich also die Biografie Lothar Rübelts und seine sich verändernden fotografischen Gestaltungsprinzipien einerseits und die Interessen der Auftraggeber der Werbebilder andererseits mit grundlegenden Bedeutungen von Mobilität und Bewegung, von Urbanität und Ruralität, von Architektur und Raumordnung, von Lokalität und Globalisierung. Zu fragen ist, wie sich die „architektonische Ausformulierung" der Tankstelle und ihre Inszenierung durch Lothar Rübelt in den Praktiken österreichischer All-

---

1 Gottfried Boehm, Die Wiederkehr der Bilder, München 1994.

tagskultur vermischten und sich die in der Fotografie wie im Automobilismus verkörperte Beschleunigung veränderte.

I.   Der Fotograf: Lothar Rübelt zwischen Moderne und Antimoderne

Lothar Rübelt gilt zumindest für die Zwischenkriegszeit als einer der renommiertesten Fotografen Österreichs. Bevorzugtes Thema Rübelts war in den Jahren bis 1938 der Sport[2], wobei er wegen eines deutschen Passes auch eine Akkreditierung für die Olympischen Spiele 1936 erhielt.[3] Neben dem Fußball hatte es ihm besonders der Schwimm- und Skisport angetan, ersterer wegen der Popularität des Sports im Wien der Ersten Republik und vielleicht auch wegen Rübelts Vorliebe für das Motiv hübscher Frauen, zweiterer weil er seine Begeisterung für den Skisport mit lukrativen Aufträgen verbinden konnte. Möglicherweise hat auch die Affinität des Skisports zur NS-Idee[4] eine Rolle gespielt. Rübelt fotografierte aber auch tagesaktuelle Szenen, Sozialreportagen und Reiseberichte und gilt als Pionier der „schnellen Fotografie": Mit seiner Leica konnte er die Statik der Glasplattenfotografie überwinden und vermochte auch Bewegung – und damit den „entscheidenden Moment" – einzufangen.[5] Zugleich war Rübelt ein Filmpionier: Mit seinem Bruder Ekkehard drehte er den Streifen „Mit dem Motorrad über den Wolken", der eine Tour in den Dolomiten dokumentierte und 1926 im Wiener Flottenkino Premiere hatte.[6] Das Motorrad war ihm Motiv, Fortbewegungsmittel, Sportgerät und Arbeitsausrüstung, es erlaubte ihm eine beschleunigte Produktion und Zirkulation des Bildmaterials und damit Vorteile gegenüber der Konkurrenz. Im Sommer 1935 wechselte er auf ein Automobil: Für diesen Steyr 100 ließ er sich ein Minilabor für den Kofferraum

---

2 Lothar Rübelt, Sport. Die wichtigste Nebensache der Welt. Dokumente eines Pioniers der Sportphotographie 1919–1939, hg. v. Christian Brandstätter, Wien 1980.
3 Michaela Pfundner, Dem Moment sein Geheimnis entreißen. Der Sportbildberichterstatter Lothar Rübelt, in: Matthias Marschik/Rudolf Müllner (Hg.), „Sind's froh, dass Sie zu Hause geblieben sind". Mediatisierung des Sports in Österreich, Göttingen 2010, 317–327.
4 Andreas Praher, Österreichs Skisport im Nationalsozialismus. Anpassung – Verfolgung – Kollaboration, Berlin/Boston 2022, 10–14.
5 Lothar Rübelt, Österreich zwischen den Kriegen. Zeitdokumente eines Photopioniers der 20er und 30er Jahre. Text von Gerhard Jagschitz, Wien/München/Zürich 1979; Vinzenz Hediger/Markus Stauff, Reine Gefühlsintensitäten. Zur ästhetischen Produktivität der Sportfotografie, in: montage AV. Zeitschrift für Theorie und Geschichte audiovisueller Kommunikation 17 (2008) 1, 39–60, 47.
6 Michael Ponstingl, Fotografische Einsätze in motorisierten Zeiten. Eine Zettelnotiz zu Wiener Verhältnissen, in: Christian Rapp (Red.), Spurwechsel. Wien lernt Auto fahren. Ausstellungskatalog Technisches Museum Wien, Wien 2006, 50–60, 57.

maßanfertigen.[7] Rübelt gehörte zur technischen Avantgarde und zu den Nutzern avancierter Technik, was auch den Verkauf seiner Produkte betraf, die er über eine eigene Agentur vermarktete.

Im wie abseits des Berufes galt bei Rübelt Geschwindigkeit als Lebens- und Schaffensprinzip.[8] Er kam als Kurzstreckenläufer von der Leichtathletik, wechselte dann aber auf motorisierte Gefährte: Auch nach einem tödlichen Unfall seines Bruders blieb Lothar Rübelt Motorradfahrer und Automobilsportler. 1926 war er Gründungsmitglied des nach „arischem Prinzip" geführten „Akademischen Motorrad Club". In der Fotografie wie bezüglich seiner motorisierten Gefährte war er „modern", von der Kleinbild-Leica[9] bis zu seiner „Brough Superior", dem „Rolls Royce unter den Motorrädern", und zu Automobilen des Typs Steyr 100 Cabriolet und 220, später eines BMW 328. Als Rennfahrer gehörte er dem österreichischen Rallye-Nationalteam an, das 1937 die Teamwertung der „Österreichischen Alpenfahrt" gewann.[10] 1938 und 1939 bestritt er die „Deutsche Alpenfahrt" als Mitglied des paramilitärischen Nationalsozialistischen Kraftfahrkorps (NSKK). Schon vor 1938 engagierte sich Rübelt im Sinne des Nationalsozialismus, doch akkordierte er sich so weit mit dem austrofaschistischen Regime und seinen Medien, dass ihm eine ungestörte Berufsausübung möglich war. Offenkundig wurde seine NS-Affinität spätestens in den Tagen des „Anschlusses", als er das neue Regime bildgewaltig inszenierte.[11] Er wurde Miteigentümer des arisierten Wienzeile-Kinos, fungierte als Kriegsberichterstatter und arbeitete für große deutsche Magazine wie „Signal" und „Koralle".

Trotz der Nähe Rübelts zu Motorrädern, Automobilen, aber auch zur Geschwindigkeit gehörte der motorisierte Verkehr bis 1938 nicht zu seinen bevorzugten Motiven. Aber natürlich ist in seinem Werk der öffentliche Verkehr präsent: Er zeigte Menschen in Zügen und Straßenbahnen und dokumentierte den zunehmenden Autoverkehr.[12] Besonders Bilder von Unfällen konnten offensichtlich gut verkauft werden, ebenso wie von der Eröffnung der Großglockner Hochalpenstraße. Ab Ende der 1920er-Jahre fotografierte Rübelt auch den Motorsport, wobei er eher Motorrad- als Automobilrennen festhielt und oft außerhalb Wiens tätig war, etwa beim Masaryk-Rennen in Brünn. Grund könnte die Zusammenarbeit mit dem auf Motorsport spezialisierten jungen Kollegen

---

7   Ebd., 57–59.
8   Wolfgang Kos (Hg.), Kampf um die Stadt. politik, kunst und alltag um 1930, Wien 2010, 418.
9   Wolfgang Pensold, Eine Geschichte des Fotojournalismus. Was zählt, sind die Bilder, Wiesbaden 2015, 54.
10 Pfundner Martin, Vom Semmering zum Grand Prix. Der Automobilsport in Österreich und seine Geschichte, Wien/Köln/Weimar 2003, 217.
11 Hans Petschar, Anschluss. „Ich hole euch heim". Der „Anschluss" Österreichs an das Deutsche Reich. Fotografie und Wochenschau im Dienst der NS-Propaganda, Wien 2008, 18f.
12 Matthias Marschik/Michaela Pfundner, Wiener Bilder. Fotografien von Lothar Rübelt, Schleinbach 2020, 74–85.

Arthur Fenzlau gewesen sein, der ab Beginn der 1930er-Jahre für Rübelt zu arbeiten begann und das Wiener Geschehen abdeckte.[13]

Lothar Rübelts Tankstellen-Fotos I: Die Zwischenkriegszeit

Tankstelle „Sphinx Benzin", Wien 1927. ÖNB/Bildarchiv und Grafiksammlung/Rübelt.

---

13 Marion Krammer, Rasender Stillstand oder Stunde Null? Österreichische PressefotografInnen 1945–1955, Göttingen/Wien 2022, 330.

Tankstelle an der Höhenstraße, 1936. ÖNB/Bildarchiv und Grafiksammlung/Rübelt.

Aus den Jahren zwischen 1927 und 1938 gibt es von Rübelt etliche Bilder von Tankstellen, einem Motiv, das Raum und Mobilität verknüpfte. Das mag Rübelts Affinität zur Motorisierung geschuldet sein, verdankt sich aber primär Werbeaufträgen etwa der „Vacuum Oil Company". Unter den Markennamen „Sphinx" und später „Mobiloil" versuchte man am österreichischen Markt zu reüssieren.[14] Rübelt hat nicht nur Fotos für die Werbeauftritte fotografiert, in ganzseitigen Werbesujets trat er auch persönlich in Erscheinung: Unter einem Foto, das Rübelt in einem weißen Overall auf seiner Maschine und mit einem Ölkanister in der Hand zeigt, heißt es: „Herr Lothar Rübelt schreibt: ,Ich fahre seit Jahren Mobiloil und seit letzter Zeit das neue Mobiloil ,D' und kann sagen, daß trotz sparsamstem Verbrauch [...] die Maschine geht wie einst im Mai!'"[15] 1927 produzierte Rübelt eine Bildserie einer Sphinx-Tankstelle an einer Wiener Ausfallstraße, weiters dokumentierte er Raffinerie und Tankstelle in Kagran im Jahr 1935, wobei er belebte Motive mit Autos, Fahrern, Tankwarten und teils auch attraktiven Frauen

---

14 Die „Vacuum Oil" (später „Mobiloil") hatte 1925 eine Raffinerie in Kagran erworben, die ab 1932 massiv modernisiert wurde.

15 Europa Motor, 4/1935, 11. Ein weiteres Sujet mit analogem Text zeigt Rübelt im Staubmantel mit weißer Kappe hinter dem Motorrad, den Kanister auf dem Fahrersitz; Allgemeine Automobil-Zeitung, 1.6.1935, 25.

in Szene setzte.[16] Im Gegensatz dazu zeigt er 1937 eine einsame Mobil-Tankstelle in Rodaun, möglicherweise noch vor der Eröffnung.

Michael Ponstingl beschreibt die komplexe Konstruktion eines Tankstellen-Fotos von der neu errichteten Höhenstraße, von Rübelt zu einer „Filmstill-artigen Werbeaufnahme" komponiert: „Dunkelheit umhüllt den Set dermaßen pointiert, dass die wenigen angestrahlten Objekte – gleichsam als Triptychon offeriert – ausnahmslos mit Bedeutung aufgeladen wirken". Rechts im Bild erscheint das Produkt selbst, die Tankstelle mit ihren Werbeaufschriften, in der Mitte findet sich „deren warenästhetische Verpackung" mit Zapfsäulen, Ölkanistern und dem Tankwart. Und links erscheint die „Sphäre der Konsumation", ein nobles Cabrio von Austro-Daimler. Der bürgerliche Herrenfahrer ergreift selbst das Volant, der Chauffeur nimmt am Rücksitz Platz. Am Beifahrersitz begleitet ihn die Miss Universe von 1929, Lisl Goldarbeiter. „Rübelt verdichtete damit seinerzeit virulente automobile Codes der Oberschicht. Das Foto beharrt auf dem weltmännisch-mondänen Status des Automobils jenseits von Benzingestank [...] Das klinische Ambiente signalisiert ein technisch einwandfreies Funktionieren der endgültig warenförmig gewordenen Maschine".[17]

In Gestalt der Tankstellen bildete Rübelt die Einschreibung der Technik in das Landschafts- und Stadtbild ab und verwies auf eine ambivalente Modernität. Wie Garage, Werkstatt oder Ampel ist auch die Tankstelle statisch, repräsentiert aber zugleich Mobilität. Wir finden unter Rübelts Bildern sowohl den um 1930 im urbanen Raum vorherrschenden Typus der Gehsteig-Tankstelle wie auch die in ländlichen Gebieten üblichen, meist in Reparaturwerkstätten integrierten, Zapfsäulen im „bodenständigen Heimatstil". Doch sein Hauptaugenmerk galt, wohl dem Werbeauftrag geschuldet, dem modernen Typus, mit dem Mineralölkonzerne etwa ab 1930 begannen, durch Netzausbau, genormtes Design und hohen Wiedererkennungswert kleinere Mitbewerber vom Markt zu verdrängen.[18] Diese autonomen Verkaufsstellen ließen die „Fachmann-Tankstelle" als eigenständiges Gewerbe entstehen.[19] Mit der Verlagerung des Tankvorgangs von

---

16 Christoph Ransmayr wählte 2013 ein solches Sujet als Thema eines Literaturwettbewerbs: Bei einem Besuch bei Lothar Rübelt sei ihm „das Bild einer nächtlichen, wie eine Filmkulisse strahlend erleuchteten Tankstelle" aufgefallen: „Vor den runden, polierten Zapfsäulen stand ein chromfunkelndes Kabriolett, in dem eine in nachlässiger Eleganz in einen breiten seidig schimmernde [!] Schal gehüllte Frau sich gelangweilt von den Mühen eines uniformierten Tankwarts ab- und ihrem Taschenspiegel zuwandte." Dorothee Kimmich/Alexander Ostrowicz (Hg.), Die Schönheitskönigin Sarah Rotblatt fährt an einer Tankstelle vor. Vorwort von Christoph Ransmayr. 24. Würth-Literaturpreis, Künzelsau 2013, 10.

17 Ponstingl, Einsätze, 55.

18 Joachim Kleinmanns, Super, voll! Kleine Kulturgeschichte der Tankstelle, Marburg 2002, 43–47.

19 Rainer Gries/Volker Ilgen/Dirk Schindelbeck, Gestylte Geschichte. Vom alltäglichen Umgang mit Geschichtsbildern. Mit Essays von Hermann Glaser und Michael Salewski, Münster 1989, 93.

Hinterhöfen in den öffentlichen Raum wurde die Bedeutung des motorisierten Verkehrs sichtbar gemacht und auch für jene evident, die kein Automobil oder Motorrad besaßen.[20]

Die automobile Beschleunigung und die darin festgeschriebene Veränderung des Blicks auf Städte und Landschaften war ein wesentliches Agens der Architektur ab den 1920er-Jahren,[21] von ländlichen Rasthäusern für Automobilisten bis zu stoßstangenförmigen Balkonen in autogerechten Städten. Was Rübelt in den Tankstellenbildern einfing, war also eine Konkretisierung jener modernen Zeiten, die mit Verzögerung in Österreich Einzug hielten. In einem dezidiert fortschrittlichen und vorgefertigten Design[22] und im Versuch, trotz minimalistischer Gestaltung durch Glasfronten und auskragende Vordächer[23] Eindruck zu erwecken, waren Tankstellen Vorboten einer Vollmotorisierung, wie sie sich im expandierenden Kleinwagen-Markt auch in Österreich manifestierte.[24] Zwar war die zur „Steyr-Daimler-Puch AG" zusammengefasste nationale Automobilindustrie marod, galt aber dennoch als nationales Aushängeschild und produzierte international anerkannte Modelle. Speziell der im Februar 1936 vorgestellte „Steyr 50" sollte am Markt der „Volksautos" partizipieren.[25]

Das war auch im Sinne des austrofaschistischen Regimes, das trotz seiner antimodernen und heimatorientierten Politik doch zugleich als fortschrittlich und leistungsfähig erscheinen wollte. Gerade Wien sollte sich – wegen der unweigerlichen Vergleiche zur sozialdemokratischen Stadt und in Konkurrenz mit anderen europäischen Metropolen – als modern präsentieren. Im Kontrast zu zahlreichen traditionsbezogenen Sujets[26] finden sich in den Medien daher bis zum „Anschluss" Bilder von Innovation und Fortschritt. Sport und Technik boten sich hier als bevorzugte Themen an, besonders wenn sie sich, wie in der Glockner- oder der Höhenstraße, miteinander verbanden.[27]

---

20 Kleinmanns, Super, 35.
21 Erik Wegerhoff, Avantgarde unterwegs. Architektur und Automobil in Paris und Berlin um 1920, in: Beyer/Guillaume (Hg.), Mouvement. Bewegung / Über die dynamischen Potenziale der Kunst, Berlin/München 2015, 165–180, 167.
22 John A. Jakle, The American Gasoline Station, 1920 to 1970, in: Journal of American Culture 1 (1978) 3, 520–542, 530.
23 Bernd Polster, Super oder Normal. Tankstellen – Geschichte eines modernen Mythos, Köln 1996, 48.
24 Verena Pawlowsky, Luxury item or urgent commercial need? Occupational position and automobile ownership in 1930s Austria, in: The Journal of Transport History 34 (2013) 2, 177–195.
25 Martin Pfundner, Austro Daimler und Steyr. Rivalen bis zur Fusion. Die frühen Jahre des Ferdinand Porsche, Wien/Köln/Weimar 2007, 162.
26 Elizabeth Cronin, Heimatfotografie in Österreich. Eine politisierte Sicht von Bauern und Skifahrern, Salzburg 2015.
27 Matthias Marschik, Das Röhren der Moderne. Ein Wiener Umweg zur Vollmotorisierung, in: Dérive. Zeitschrift für Stadtforschung 87 (2022), 25–31.

Lothar Rübelt hatte daran nicht geringen Anteil, denn er spielte mit seiner Bildproduktion gut auf verschiedenen Klaviaturen. Das lag zum Teil daran, dass der Bildberichterstatter ein „Tagelöhner" war,[28] aber für ideologisch differente Medien (von der halbamtlichen „Österreichische Woche" über die „Wiener Bilder" und das „Wiener Magazin"[29] bis zu Lifestyle-Magazinen wie „Die Bühne" und „Mocca"[30]) ganz unterschiedliche Inhalte lieferte, wobei er durch seine Themen wie durch seine Arbeitsweise die Rasanz betonte. Rübelts Tankstellen-Fotos, in denen er Technik und Internationalismus in das traditionelle Stadtbild integrierte oder die Aufwertung des Dorfes dokumentierte, zeigten diese Ambivalenz paradigmatisch auf, wobei ein Foto, datiert vom März 1938[31], diesen Bogen noch ein wenig weiterspannt: Es zeigt ein jüngeres Pärchen in ländlicher Kleidung und einen älteren Mann mit Arbeitsschürze vor einer Aral-Tankstelle in Hötting, damals ein Vorort von Innsbruck. Die Zuordnung als „Tankstelle" ist nur der Beschriftung durch Rübelt zu entnehmen, zeigt doch das Bild lediglich drei Personen auf einer Holzbank. Auf diese Weise wird das Sujet einer ruralen Tankstelle dem Heimatcredo so weit untergeordnet, dass es präsent und dennoch unsichtbar ist.

Sowohl Automobil wie Fotografie waren ab Mitte der 1930er-Jahre am Weg zu Massenphänomenen. Diese Entwicklung wurde durch den „Anschluss" in andere, jedoch nicht weniger modernistische Bahnen gelenkt. Die Parallele von Präsenz und gleichzeitiger Absenz blieb dabei bestehen, wenn der KdF-Wagen zwar mit enormem Werbeaufwand präsentiert, aber nie ausgeliefert wurde, und wenn die Deutschen zu einem „Volk von Knipsern" werden sollten, aber zugleich zum „Wegsehen" aufgefordert wurden. Das betraf Amateure und professionelle Bildreporter gleichermaßen, indem die Fotografie selbst ein „Medium zur Erziehung zum Wegsehen" wurde.[32] Hinsehen sollte man nur auf deutsche Leistungen, etwa auf die Autobahnen und ihre im regionalen Stil gestalteten Raststätten und Tankstellen.[33]

Lothar Rübelt blieb in beiden Metiers, in der Fotografie wie im Automobilismus, überaus präsent und erfolgreich: Er lieferte begeisterte Reportagen vom

---

28 Anton Holzer, Rasende Reporter. Eine Kulturgeschichte des Fotojournalismus, Darmstadt 2014, 204.

29 Monika Faber, Die Politik des Banalen. Das „Wiener Magazin" 1927–1940, in: Roman Horak/ Wolfgang Maderthaner/Siegfried Mattl/Lutz Musner (Hg.), Stadt Masse Raum. Wiener Studien zur Archäologie des Populären, Wien 2001, 117–163, 141.

30 Matthias Marschik, Skizzen eines „vermeintlich sicheren Landes". Operetten und Bildillustrierte als Exempel der österreichischen Populärkultur 1933/34 bis 1938, in: Carlo Moos (Hg.), (K)ein Austrofaschismus? Studien zum Herrschaftssystem 1933–1938, Wien 2021, 192–204.

31 Das Aufnahmedatum ist unklar, es könnte aus den „Anschluss"-Tagen stammen, die Rübelt in Innsbruck miterlebte.

32 Rolf Sachsse, Die Erziehung zum Wegsehen. Fotografie im NS-Staat, Dresden 2003, 14.

33 Ralph Johannes/Gerhard Wölki, Die Autobahn und ihre Rastanlagen, Petersberg 2005, 29.

„Anschluss" und den Veränderungen bis zur „Volksabstimmung", und er fuhr
weiterhin erfolgreich Autorennen. Er war Mitglied der „Motorgruppe Ostmark"
des NSKK, aber auch „Vertrauensmann" im „Fachgebiet der Bildberichterstatter" und saß im Beirat der „Ostmark" im „Reichsverband der deutschen Presse".
Im Polenfeldzug agierte er als Bildberichterstatter der Luftwaffe, war auch später
bei verschiedenen Propagandakompanien im Einsatz und stellte ab 1944 dokumentarische Aufnahmen zur Kriegschirurgie her.[34]

Eine Strategie des „Wegsehens" prägte aber auch den Umgang von und mit
vielen FotografInnen nach 1945: Fast alle konnten, trotz teilweise massiver
Verstrickungen in das NS-System, ihre Arbeit völlig oder nahezu bruchlos fort-
setzen. Das galt gerade auch für Rübelt, den wohl einzigen in Österreich ansässigen Fotografen, der seine Produktion auch im Ausland gut verkaufte. Rübelt
war von der außerordentlichen Qualität seiner Arbeit restlos überzeugt und wies
Fragen nach der NS-Zeit, nach seiner Begeisterung für und seiner Verstrickung in
das Regime, rigoros zurück[35]. Er inszenierte sich sogar als „Opfer" des Regimes,
obwohl er weiterhin auf Kontakte aus der NS-Zeit aufbaute, die ihm in Gestalt
von Egon Kott und Harald Lechenperg Aufträge in erfolgreichen österreichischen und deutschen Illustrierten verschafften.[36] Daneben prolongierte er auch
privat Beziehungen zu NS-Größen.[37] Er spielte seine Rolle im Nationalsozialismus herunter, um lukrative Aufträge zu erhalten und widmete sich der fotografischen Tätigkeit für zahlreiche Illustrierte.

Der Fokus von Rübelts Schaffen verschob sich im Laufe der Jahre immer weiter
Richtung politischer Reportagen und Wirtschaftsthemen – wie z.B. eine ein-
drucksvolle Serie über den Bau des Kraftwerks Kaprun. Zu seinen größeren
Arbeiten gehörten zwei Reportagen für die von der amerikanischen Militärre-
gierung im München herausgegebenen Illustrierte „Heute". 1947 berichtete er
ausführlich über die Salzburger Festspiele, 1948 über die Olympischen Sommer-
und Winterspiele in London und St. Moritz. Daneben arbeitete er für die „Wiener
Illustrierte", die „Quick", den „Stern" und die „Picture Post". Zu seinen Themen
gehörten auch politische Fotoreportagen. So begleitete er Bundeskanzler Raab
auf seinen Staatsbesuchen in die USA, nach Rom und Moskau.

Nicht zuletzt verstärkte Rübelt seine Arbeit in Richtung Fotodokumentatio-
nen für Tourismusbroschüren und Werbefotografie, unter anderem für die
Österreichische Verkehrswerbung. Dabei beschritt er ein letztes Mal neue Wege,

---

34 Krammer, Stillstand, 348; Anton Holzer, Fotografie in Österreich. Geschichte, Entwicklun-
    gen, Protagonisten 1890–1955, Wien 2013, 176–177.
35 Krammer, Stillstand, 13 und 256.
36 Holzer, Fotografie, 215.
37 Klaus Taschwer, Der rasende Fotoreporter und sein Freund, der mächtige SS-Mann, in: Der
    Standard, 24.6.2021, URL: https://www.derstandard.at/story/2000127672058/der-starfotogr
    af-und-sein-freund-derss-gruppenfuehrer (abgerufen 27.12.2021).

indem er 1951 den ersten Original-Farbprospekt für das Grand Hotel Europe in
Bad Gastein gestaltete. Damit öffnete er allerdings die Tür in eine Zukunft, die
ohne ihn stattfinden sollte. Der einstige Pionier der Fotografie wurde von der Zeit
überholt. Mit Neuerungen wie der Farbfotografie konnte er sich nie wirklich
anfreunden. Obwohl die Presse zunehmend bunte Bilder nachfragte, stellte
Rübelt eindeutig die Ästhetik über die Verkaufbarkeit. Er war und blieb ein
Schwarz-Weiß-Fotograf. Zudem zog sich Rübelt zunehmend von der „Action"-
Fotografie zurück, selbst im Sport: War Rübelt lange Zeit für unmittelbare Nähe
und die Abbildung von Rasanz gestanden, fanden sich im Spätwerk vornehmlich
Bilder aus der ZuschauerInnen-Perspektive.

Seine Sportreportagen wurden immer seltener, da einerseits die Welt der
Printmedien in immer schrilleren Farben strahlte und andererseits die Sportfotografie durch die Aktualität des Fernsehens in eine andere Rolle gedrängt
wurde, in der sich Rübelt nicht wiederfinden konnte. Die Olympischen Winterspiele 1964 in Innsbruck waren die letzten, an denen er als akkreditierter
Pressefotograf teilnahm. Im Jahr 1985, fünf Jahre vor seinem Tod, fand eine
große Ausstellung mit den fotografischen Highlights aus dem Schaffen Rübelts
statt, die erste Ausstellung für einen lebenden Fotografen in der Wiener Alber-
tina. Treu blieb Rübelt nach 1945 seiner Liebe zu schnellen Autos, auch wenn er
nun auf Alfa Romeos unterwegs war. Und ab 1951 finden sich im Œuvre von
Lothar Rübelt abermals Fotos von Tankstellen, wobei die Bilder im Vergleich zu
jenen aus den 1930er-Jahren seltsam blutleer wirken. Um diese Bilder soll es im
Folgenden gehen.

II.   Mobilität in den „langen 1950er-Jahren"

Die 1950er- und 1960er-Jahre brachten in vielen Ländern Europas, so auch in
Österreich, neue „Mobilitätspotentiale"[38], vom geänderten Freizeit- und Kon-
sumangebot und -verhalten bis zum enormen Zuwachs des motorisierten Indi-
vidualverkehrs. Was der Nationalsozialismus versprochen hatte, wurde nun
verzögert eingelöst. Eine „Automobilisierung der Gesellschaft" war Teil dessen,
was als „Wiederaufbau" bezeichnet und als zentraler Aspekt eines „Wirtschaftswunders" erlebt wurde. Im Sinne einer individualistischen Freiheitsidee
wurde das Automobil zum „Sinnersatz" einer konsumorientierten, maskulin
codierten Gesellschaft.[39] Die Zerstörungen des Krieges ermöglichten nicht nur im

---

38 Sándor Békési, Lücken im Wohlstand? Einkaufswege und Nahversorgung in Wien, in: Su-
    sanne Breuss (Hg.), Die Sinalco-Epoche. Essen, Trinken, Konsumieren nach 1945, Wien 2005,
    38–45, 38.
39 Kurt Möser, Geschichte des Autos, Frankfurt/M./New York 2002, 189–191.

urbanen Bereich eine massive Einschreibung des Autos in das Orts- und Land-schaftsgefüge: Im öffentlichen Raum wurde eine „Hegemonie der Artefakte des Autoverkehrs" (von Straßen über Parkplätze bis zu Werkstätten und Händlern) vorangetrieben. Das Auto gab den Takt des Alltags vor, von Ampeln, die das Straßenleben strukturierten, bis zur Neuordnung der Beziehungen von Arbeiten und Wohnen, Freizeit und Urlaub, aber auch von Stadt und Land.[40]

Enorm waren auch die ökonomischen Veränderungen, von der Umschichtung öffentlicher Ausgaben in Richtung Individualverkehr[41] bis zur Neuordnung von Familienbudgets, die an die Zwänge individueller Mobilität ebenso angepasst wurden wie an den Stellenwert des Autos als Statussymbol. Das Auto wurde durch seine Gebrauchs- und seine symbolischen Werte zu einem Grundobjekt der Moderne, gerade deshalb, weil es, im Gegensatz zu anderen Kollektivsym-bolen des Massenkonsums, im öffentlichen Raum agierte.[42] Selbst in der „Ar-beiter-Zeitung" veränderte sich der Diskurs zum Automobil massiv: Wurde zu Beginn der 1950er-Jahre über die Bedeutung der Autoindustrie als Arbeitsplatz-Garant geschrieben, wurden Mitte des Jahrzehnts bereits die für die Arbeiter-schaft leistbaren Kleinwagen getestet. Um 1960 standen Autos der Mittelklasse im Zentrum der Berichterstattung.[43]

Ein Blick auf den Bestand an Kraftfahrzeugen demonstriert die enormen Zuwächse (auch wenn Österreich im Vergleich zu westeuropäischen Staaten ein Nachzügler blieb): Im Jahr 1950 existierten in Österreich 43.870 LKW, 51.314 PKW sowie 139.035 Motorräder, 1955 waren es, nachdem im Jahr zuvor die Zoll- und Handelsschranken deutlich reduziert worden waren, 143.099 PKW, 62.682 LKW und 301.569 Motorräder sowie 81.878 Motorfahrräder, 1960 waren es 404.042 PKW, 74.414 LKW und 304.089 Motorräder sowie 384.164 Motorfahr-räder. Und 1970 betrugen die Zahlen 1.197.484 PKW, 121.048 LKW, nur mehr 113.146 Motorräder sowie 482.945 Motorfahrräder. Die Gesamtzahl zugelassener

---

40 Wolfgang Ruppert, Das Auto. „Herrschaft über Raum und Zeit", in: Ders. (Hg.), Fahrrad, Auto, Fernsehschrank. Zur Kulturgeschichte der Alltagsdinge, Frankfurt/M. 1993, 125–129.

41 Sándor Békési, Stürmisch und unaufhaltsam? Motorisierung und Politik im Wien der 50er Jahre, in: Christian Rapp (Red.), Spurwechsel. Wien lernt Auto fahren, Ausstellungskatalog Technisches Museum Wien, Wien 2006, 76–83, 76.

42 Oliver Kühschelm, Automobilisierung auf Österreichisch. Zwei Anläufe einer Nationalisie-rung vonKleinwagen, in: Oliver Kühschelm/Franz X. Eder/Hannes Siegrist (Hg.), Konsum und Nation. Zur Geschichte nationalisierender Inszenierungen in der Produktkommunika-tion, Bielefeld 2012, 163–194, 163.

43 Matthias Marschik, Spitzkehre. Automobile Diskurse in der Arbeiter-Zeitung der 1950er Jahre, in: Thomas Karny/Matthias Marschik, Autos, Helden und Mythen. Eine Kulturge-schichte des Automobils in Österreich, Wien 2015, 108–113.

Straßenfahrzeuge stieg von 284.427 im Jahr 1950 auf 698.563 im Jahr 1955, auf 1.366.498 im Jahr 1960 und schließlich im Jahr 1970 auf 2.290.220.[44]

Österreich blieb also bis in die Mitte der 1950er-Jahre ein Land der Motorräder, wobei die Produkte von Puch dominierten.[45] Dazu kamen ab 1950 die zunächst vor allem von Lohner produzierten Roller und schließlich die ersten Mopeds.[46] Automobile setzten sich nur zögerlich durch, nicht zuletzt, weil die umfangreiche nationale Vorkriegsproduktion keine Fortsetzung fand. Allerdings begann Steyr-Daimler-Puch[47] 1948 mit der Lizenzproduktion von Fiat-Fahrzeugen.[48] 1957 kam mit dem Steyr-Puch 500 ein „österreichisches" Auto auf den Markt. Er wurde auf der Basis des neuen Fiat 500 mit einem eigenen Motor sowie Karosserie-Modifikationen versehen, die aus dem Kleinwagen einen bergtauglichen Viersitzer machen sollten. Der Steyr-Puch 500 kam für den Boom der Klein- und Kleinstfahrzeuge zu spät, den Rang als Volks-Auto lief ihm der VW 1200 ab.[49]

Nicht zuletzt dank des „Käfers" gehörte das Auto, als reales Artefakt oder als Versprechen, ab den 1950er-Jahren zur Grundausstattung einer vollwertigen Familie, es schuf soziale Partizipation sowie Zugehörigkeit zum kulturellen Wertsystem.[50] Es symbolisierte das Ende der Bescheidenheit, die „Autowelle" wurde zum „Kristallisationspunkt von Lebensentwürfen und Weltbildern", das Auto nahm einen immer größeren Platz in den Haushaltsausgaben ein.[51] Die Verkehrspolitik stärkte, vielfach mit ERP-Mitteln, diese Entwicklung: Die Planungen erfolgten „aus der Windschutzscheibenperspektive". Der Fortschritts-

---

44 URL: Statcube.at/statistic.at (abgerufen 26. 12. 2021). Die Zahlen für Wien lauten: 1950: 18.794 LKW, 19.216 PKW, 22.307 Motorräder; 1955: 22.410 LKW, 51.334 PKW, 54.030 Motorräder; 1960: 24.848 LKW, 137.920 PKW, 43.206 Motorräder; 1970: 29.476 LKW, 319.853 PKW, 13.786 Motorräder, 45.001 Motorfahrräder, URL: https://www.geschichtewiki.wien.gv.at/Automobil (abgerufen 27. 12. 2021).

45 Thomas Karny, Von der Schlurfrakete zum Streetfighter, in: Barbara Pilz (Red.), Schräglage. Motorräder 1945 bis 2005. Eine Ausstellung des Technischen Museums Wien, Wien 2005, 13–26, 13–16.

46 In den Statistiken firmierten sie als Motorfahrräder; Matthias Marschik, Das Moped als Sidestep der mobilen Moderne, in: Dérive. Zeitschrift für Stadtforschung 82 (2021) 1, 37–42.

47 André Pfoertner, Die Steyr-Daimler-Puch AG (SDPAG). Der Traum vom österreichischen Automobil; in: Emil Brix/Ernst Bruckmüller/Hannes Stekl (Hg.), Memoria Austriae III. Unternehmer, Firmen, Produkte, Wien/München 2005, 311–351.

48 Kühschelm, Automobilisierung, 181–183; Hans Seper/Martin Pfundner/Hans Peter Lenz, Österreichische Automobilgeschichte, Klosterneuburg 1999, 332.

49 Kühschelm. Automobilisierung, 183–192; Matthias Marschik/Martin Krusche, Die Geschichte des Steyr Puch 500. In Österreich weltbekannt, Wien 2013, 63.

50 Weert Canzler, Der anhaltende Erfolg des Automobils. Modernisierungsleistungen eines außergewöhnlichen technischen Artefaktes, in: Technik und Gesellschaft. Jahrbuch 10: Automobil und Automobilismus, Frankfurt/M./New York 1999, 19–40, 23.

51 Franz X. Eder, Privater Konsum und Haushaltseinkommen im 20. Jahrhundert, in: Franz X. Eder/Peter Eigner/Andreas Resch/Andreas Weigl, Wirtschaft, Bevölkerung, Konsum. Wien im 20. Jahrhundert, Innsbruck/Wien/München 2003, 201–285, 239.

glaube führte zu einem Primat des flüssigen Verkehrs, dem Bausubstanz und Landschaften ebenso geopfert wurden wie wertvolle Ressourcen, die für Bau, Betrieb und Infrastruktur des Autos nötig waren.

Zwischen 1958 und 1967 wurde die Westautobahn gebaut, 1962 mit der Südautobahn begonnen. 1959 erfolgte der Spatenstich für die Europabrücke, 1963 startete der Bau der Brennerautobahn. Zahlreiche Bundesstraßen wurden ausgebaut, Landesstraßen und Ortsdurchfahrten asphaltiert. Auch in Wien fokussierten schon die ersten Nachkriegspläne von 1948 auf den Individualverkehr und die Motorisierung. Eine Straßenverkehrsenquete von 1955 stellte Individualismus, Freiheit und Mobilität ins Zentrum.[52] In der Praxis bedeutete das, wenn auch nie direkt ausgesprochen, den Fokus auf eine „autogerechte Stadt" zu legen.[53] Doch trotz ständiger Ausbauten erreichten das Zentrum Wiens und die Ausfallstraßen schon Ende der 1950er-Jahre ihre Belastungsgrenzen, Parkplätze wurden knapp, die Zahl der Verkehrsunfälle stieg rapide an.[54] Dennoch war in Roland Rainers Konzept für die „gegliederte und aufgelockerte Stadt" von 1961 eine Vorsorge für den „Massenverkehr" ebenso festgeschrieben wie jene für den „Individualverkehr". In der zweiten Hälfte der 1950er-Jahre kam es im Zuge der beginnenden Wohlstandsgesellschaft zu einem Wechsel vom Spar- zum Konsumparadigma. Teil dieses Strukturwandels war die einsetzende Breitenmotorisierung.[55] Einer ihrer zentralen architektonischen Marker war die Tankstelle. Sie wurde zum notwendigen Artefakt des Mythos der „freien Fahrt"[56], zu der auch die ständige Verfügbarkeit von Treibstoff gehörte.

III. Die Nachkriegsmoderne. Architektur und Funktion der Tankstelle

Die Entwicklung der Tankstellen liegt quer zur architekturtheoretischen These, im Wien und Österreich der Nachkriegszeit seien die Versprechen der Moderne architektonisch ebenso wenig eingelöst worden wie vor dem Krieg.[57] Die Tankstellen als Gebrauchsarchitektur[58] und „gebaute Form" wurden zumindest in der

52 Andreas Weigl, Autos verändern die Stadt. Die Motorisierungswelle der 1950er Jahre und ihre Folgen, in: Veröffentlichungen des Wiener Stadt- und Landesarchivs 86, Wien 2012, 6–7.
53 Bernd Kreuzer, Die Stadt im Zeichen des Automobils: Wien seit 1945, in: Christian Rapp (Red.), Spurwechsel. Wien lernt Auto fahren, Ausstellungskatalog Technisches Museum Wien, Wien 2006, 61–75, 65.
54 Weigl, Autos, 13–17.
55 Békési, Stürmisch, 77.
56 Mick Smith, The Ethical Architecture of the „Open Road", in: Worldviews 2 (1998) 3, 185–199.
57 Markus Kristan, Die Sechziger. Architektur in Wien 1960–1970, Wien 2006, 8.
58 Allen Carlson, Die ästhetische Wertschätzung alltäglicher Architektur, in: Christoph Baumberger (Hg.), Architekturphilosophie: Grundlagentexte, Münster 2013, 111–127.

Alltagkultur als modern und als gelebter Optimismus rezipiert,[59] die der Industrialisierung und Motorisierung Ausdruck verleihen sollten: Sie traten als „Benzinpaläste"[60] aus den Stadt- oder Dorfensembles heraus, wobei eine anfangs heterogene Formensprache zunehmend den Vereinheitlichungen des Corporate Design zum Opfer fiel.[61] Doch gab es enorme Differenzen in der architektonischen Qualität: So entwarf der Designer Eliot Noyes ab Mitte der 1960er-Jahre das Standardmodell der Mobil-Tankstellen, ein Grundmuster, nach dem in den Folgejahren weltweit fast 20.000 Stationen – unter anderem auch in Österreich – gebaut wurden.[62]

Was in den USA bereits als wenig spektakuläre Architektur galt, wurde in Europa, und speziell in Österreich, als verspätete Einführung eines „internationalen Stils" im Anschluss an Konzepte des Bauhauses gesehen. Sprach man in den USA schon in den 1930er-Jahren von „depression architecture" im Sinne einer reduzierten Moderne, bedeuteten Stromlinienform, große Flugdächer und Glasfronten in Europa eine in der Alltagsarchitektur neue Modernität.[63] Es waren „gewagte" Bauwerke,[64] die aus dem umgebenden Ensemble der Stadt, des Dorfes oder der Landschaft herausstachen. In den erst zum Teil wiederaufgebauten Städten wirkten die neuen Tankstellen wie Besuche aus der Zukunft, in den Dörfern wurden sie als Einzug moderner Zeiten gefeiert und unter Teilnahme lokaler Honoratioren eröffnet.[65] Weil Tankstellen in den Verkehrskonzepten als potentielle Störungspunkte des fließenden Verkehrs gesehen wurden, waren die Kommunen bestrebt, die vielen kleinen Zapfstellen durch leistungsfähige Großtankstellen zu ersetzen.[66]

Zunächst existierte im Nachkriegs-Europa eine enorme Bandbreite, ein „Stilwirrwarr" von Adaptierungen bestehender Tankstellen über vorgefertigte Bausätze bis zu „hypermodernen" Repräsentationsbauten,[67] denen nur der Faktor Funktionalität gemeinsam war. Aufgrund neuer Materialien wie Spannbeton konnte der Stil der 1930er-Jahre nun weit filigraner gestaltet werden und damit die Mobilität betonen. Das war eine Architektursprache, wie sie auch bei

59 Kleinmanns, Super, 7.
60 Sonja Petersen, Die „Tanke". Eine Kultur- und Technikgeschichte der Tankstelle im 20. Jahrhundert, URL: https://www.hi.uni-stuttgart.de/wgt/forschung/die-tankstelle/ (abgerufen 25.12.2021).
61 Sonja Petersen, „… anner Tanke". Tankstellen – ein Forschungsüberblick. In: Technikgeschichte 83 (2016) 1, 71–93, 76.
62 Charles Holland/Elly Ward, At the Pump, in: The RIBA Journal, 27.7.2015, URL: https://www.ribaj.com/culture/petrol-station-design (abgerufen 24.11.2021).
63 John A. Jakle/Keith A. Sculle, The Gas Station in America, Baltimore 1995.
64 Michael Grube, Tankstellengeschichte in Deutschland, URL: https://www.geschichtsspuren.de/artikel/verkehrsgeschichte/138-tankstellengeschichte.html (abgerufen 12.9.2021).
65 Kleinmanns, Super, 49.
66 Kleinmanns, Super, 78 und 91.
67 Polster, Super oder Normal, 10 und 229–230.

Garagen, Bahnhöfen und Flughäfen Verwendung fand, oft mehr Schein als Sein, um mit technisch simplen und billigen Lösungen Eindruck zu schinden. So erschienen die Gebäude durch neue Möglichkeiten der Beleuchtung und große Glasflächen besonders in der Nacht eindrucksvoll.[68] „Der Weg in die Konsum- und Wohlstandsgesellschaft war gesäumt von leuchtenden Glücksverspre- chen".[69] Dazu gehörten nun auch Zapfsäulen mit Zahnräderwerk, die Liter- und Preisangaben mitzählten und elektrisch anzeigten. Mit Kacheln verflieste Waschplätze und Werkstätten signalisierten Sauberkeit. Letztlich setzten sich standardisierte Modelle durch: Die Konzerne hatten „Typentankstellen" in mehreren Größen im Angebot, die Bau- und Benzinkosten senken und das Markenimage verstärken sollten.[70] „Stations have had to look like gasoline sta- tions although each company has tried to make the stations distinctive. None- theless, deviations could not depart substantially from established norms. The challenge has been to find that rare quality of ‚difference in similarity‛".[71]

Tankstellen werden zentrale topografische Orte, im Dorf ebenso wie in der Großstadt entlang der „Ausfallsstraßen". Für Reisende wurden sie zu „Nicht- Orten", für die Anrainer dagegen zu Kommunikationszentren[72], die Tankstelle changierte zwischen Internationalität und lokaler Verortung.[73] Frequentiert wurden sie jedoch nur von denen, die dazugehörten, also den BesitzerInnen von Automobilen und Motorrädern, auf deren Wartung und Pflege die Tankstelle ausgerichtet war, neben dem Tanken auf Ölwechsel, Reinigung, Bezug von Er- satzteilen und auf kleine Reparaturen. Für die Auto- und MotorradfahrerInnen wurde das Tanken ein nahezu „rituelles Ereignis",[74] wobei die Tankstelle vorerst ein geschlechts-, aber immer weniger ein klassenspezifischer Ort blieb. Das betraf auch den sozial aufgewerteten Beruf des Tankwarts, der vom Arbeiter zum Verkäufer eines spezialisierten Produktes wurde, der die Kunden freundlich bediente und nebstbei andere Aufgaben rund ums Auto übernahm.[75]

Wie fast überall in Europa war die Situation der Tankstellen im ersten Nachkriegsjahrzehnt von Konzentrationstendenzen in Richtung weniger großer

---

68 Robert Klanten/Sally Fuls (Hg.), Schöner tanken. Tankstellen und ihre Geschichten. Berlin: Die Gestalten (2018).
69 Peter Payer, Auf nach Wien. Kulturhistorische Streifzüge, Wien 2021, 63.
70 Kleinmanns, Super, 84.
71 Jakle, Gasoline Station, 538.
72 Martin Foszczynski, Der Gschwandtner, in: Der Standard, Album, 7. 9. 2019, A 7.
73 Das manifestierte sich auch im breiten Spektrum der filmischen Präsenz von Tankstellen, von einem 1955 erschienen seichten Remake der „Drei von der Tankstelle" bis zu Fellinis „Dolce Vita" von 1960, wo es eine nächtliche Spritztour zu einer Autobahntankstelle gibt.
74 Gries/Ilgen/Schindelbeck, Gestylte Geschichte, 96–97.
75 Christof Vieweg, Volltanken bitte! 100 Jahre Tankstelle, Bielefeld 2011, 60.

Konzerne geprägt.[76] Daran änderte sich auch durch den Staatsvertrag wenig, abgesehen davon, dass die Konzerne nun auch die ehemals sowjetische Besatzungszone bespielen konnten. Einen massiven Einschnitt bedeutete hingegen die erste „Ölkrise" („Suezkrise"), die 1956 kurzfristig zu einer Benzinknappheit, aufgrund neuer Förderstätten und Lieferabkommen ab Ende der 1950er-Jahre zu einem Überangebot führte. Die Konzerne gerieten unter Druck „markenfreier" Anbieter, die mit neuen Namen[77], neuen Strategien und Werbeslogans punkteten. In Österreich waren es besonders die Marken Stroh, Jet und Avanti, die „Benzinkriege" um die Preise auslösten. Die großen Marken reagierten mit Kampagnen zur Corporate Identity, zur Vereinheitlichung der Stationen, zur Schaffung von Markenimages und mit eigenen Zubehörprogrammen, die von massiver Werbung begleitet wurden. So begann BP im Jahr 1957 mit einer globalen Branding-Strategie. Der „New Look" inkludierte standardisierte Anlagen, vom Flugdach über die Zapfsäulen bis zum Preisschild im Shop. Im Gegensatz zu den markenfreien Anbietern etablierten die großen Konzerne ein „Autofachgeschäft am Straßenrand".[78]

War die Zahl der Tankstellen nach 1945 unter das Niveau vor 1938 gesunken, weil viele der Kleinbetriebe verschwanden, nahm das Tankstellen-Netz nun rasch zu. Besonders um 1960 war ein deutlicher Zuwachs zu verzeichnen, durch das zunehmende Verkehraufkommen wie durch den massiven Konkurrenzkampf inzwischen global agierender Konzerne untereinander[79], aber auch mit den neuen Billiganbietern. Die Folge war, dass oft etliche Tankstellen in unmittelbarer Nachbarschaft errichtet wurden. Ab den 1970ern war die Zahl der Tankstellen dann wieder rückläufig,[80] zudem veränderten sie sich durch die Ausweitung des Angebots sowie den Übergang zum Self-Service.

---

76 Sonderfälle waren die Österreichisch-Russische Erdölproduktion (ÖROP), eine 1946 gegründete Tankstellenkette der Sowjetischen Mineralölverwaltung in der sowjetischen Zone, die erst 1965 von der ÖMV übernommen und als Elan weitergeführt wurde, sowie die Ende der 1940er-Jahre ebenfalls von den Sowjets gegründete Marke Turmöl, deren Zapfstellen von Strohmännern für die KPÖ verwaltet wurden.

77 Polster, Super oder Normal, 110–113; Kleinmanns, Super, 49.

78 Polster, Super oder Normal, 114–115.

79 Theodore N. Beckman, A brief history of the gasoline service station, in: Journal of Historical Research in Marketing 3 (2011) 2, 156–172, 161.

80 Vergleichszahlen zu Deutschland besagen, dass es 1965 etwa 41.000, 1968 etwa 48.000 Tankstellen gab, heute existieren etwa 15.000, URL: https://www.adac.de/verkehr/tanken-kraftstoff-antrieb/deutschland/tankstellen-in-deutschland/ (abgerufen 12.4.2021).

Lothar Rübelts Tankstellen-Fotos II: 1951 bis 1964

Shell-Tankstelle am Walserberg, Oktober 1951. ÖNB/Bildarchiv und Grafiksammlung/Rübelt.

Shell-Tankstelle, Triesterstraße, August 1958. ÖNB/Bildarchiv und Grafiksammlung/Rübelt.

BP-Tankstelle in Heiligenblut, Juli 1961. ÖNB/Bildarchiv und Grafiksammlung/Rübelt.

Lothar Rübelt fotografiert zwischen 1951 und 1964 zahlreiche neuerrichtete Tankstellen in ganz Österreich. Es ist naheliegend, dass es sich bei diesen Fotografien meist um das Ergebnis von Werbeaufträgen handelt.[81] Viele Aufnahmen sind in Schwarz-Weiß gehalten, bei einigen setzt er jedoch die von ihm ungeliebte Farbfotografie ein – sicher auf Verlangen des Auftraggebers, möglicherweise für Werbeprospekte, bestimmt auch für die bessere Sichtbarkeit der Firmenlogos. Rübelts Aufnahmen dokumentieren einen kulturellen Wandel in den „langen 1950er-Jahren", verbunden mit Begriffen wie Moderne, Amerikanisierung, Verösterreicherung, Individualisierung und Distanzierung.

Rübelt fotografiert gerade nicht, was und wie man es von einem Vorreiter der „schnellen Fotografie" erwarten würde: Weder bildet er die Einlösung der gesellschaftlichen Beschleunigung ab, noch wartet er den „richtigen Augenblick" ab, um die Hektik der modernen Tankstelle einzufangen. Er zeigt auch keine Reminiszenzen an die mondänen Zeiten der Motorisierung in Form von Adaptierungen alter Tankstellen oder typischer Hinterhof- oder Gehsteigtankstellen in

---

81 Tankstellen waren üblicherweise weder Motive der Presse-, noch der Stadt- oder Landschaftsfotografie, und sie fanden auch kaum Eingang ins Familienalbum: „Fotos von der Tankstelle sind selten. Denn es gab einfach keinen Grund, hier ein Foto zu machen"; Alexander F. Storz, Hallo Tankwart. Wo das Wirtschaftswunder Fahrt aufnahm, Stuttgart 2013, 4.

Stadtzentren.[82] Rübelt zeigt in seinen Bildern aus meist distanzierter Perspektive die neuen Bauten, und damit das, was die Konzerne und Tankstellenbesitzer im Buhlen um Aufmerksamkeit inszenierten. Die Bilder reflektieren die vielfach kritisierte „Verunstaltung des Landschafts- und Siedlungsbildes" durch bunte Farben, auffällige Hinweisschilder und „schreiende Reklame".[83]

Aus dem Rahmen fällt lediglich ein farbiges Tankstellenfoto von der Groß-glockner-Hochalpenstraße (1951), das einzige Sujet für Mobiloil. Es gibt keinen neuerrichteten Kiosk, nur rote Zapfsäulen mit einem davorstehenden grauen Auto und einer posierenden Frau vor dem Hintergrund hoch aufragender Berge. Dieses Bild erinnert stilistisch sehr stark an Rübelts Fotos aus den 1930er-Jahren und wirkt wie aus der Zeit gefallen und ästhetisch der Zwischenkriegszeit ver-pflichtet.[84] Ganz anders Rübelts übrige Tankstellenbilder aus den 1950er- und 1960er-Jahren: Sie zeigen Tankstellen im städtischen und ländlichen Raum, wobei Architektur wie Bildinszenierung austauschbar scheinen und Differenzen zunehmend auf das umgebende Ambiente reduzieren.

So fotografiert Rübelt in den Jahren 1951 bis 1953 zahlreiche neu errichtete Shell-Tankstellen[85], jeweils in Farbe.[86] Es handelt sich um Tankstellen in ver-schiedenen Gegenden Österreichs. Viele Stationen wirken spartanisch und be-stehen nur aus einem kleinen kubischen Kiosk und zwei Zapfsäulen. Rübelt versucht, die Aufnahmen zu „beleben", meist sind Autos an der Tankstelle zu sehen, manchmal auch nur der Tankwart als quasi lebendes Inventar oder Pas-santInnen auf der Straße. Es handelt sich also nie um reine „Produktfotos", Betrieb und Nutzung dieses Straßeninventars neuen Stils und neuer Ästhetik waren Inhalt der Aufnahmen und erklären damit auch deren Bedeutung für den immer mobiler werdenden Menschen. Es sind meist Aufnahmen aus einiger Entfernung, die eine Übersicht über die Tankstelle bieten, wobei stets die für die

---

82 Michael Hausenblas, Die Wiener Tankstelle: Vom Aussterben bedroht [Interview mit Stefan Oláh], in: Der Standard, 9.4.2018, URL: https://www.derstandard.at/consent/tcf/stor y/2000076080248/die-wiener-tankstelle-vom-aussterben-bedroht (abgerufen 26.12.2021).

83 Kleinmanns, Super, 64.

84 Siehe im ÖNB-Katalog unter http://data.onb.ac.at/rec/baa3183468 (abgerufen 6.7.2022).

85 1923 erwarb die Shell AG Anteile an der Floridsdorfer Mineralölfabrik, 1929 wurde sie übernommen. Ein Tankstellennetz wurde aufgebaut und mit der Ölförderung in Österreich begonnen. Ab 1938 war man Teil der deutschen Shell, der Betrieb der Raffinerie wurde bis zum Frühjahr 1945 mithilfe ungarisch-jüdischer Zwangsarbeiter aufrechterhalten. 1945 wurde die ostösterreichische Erdölindustrie Teil der Sowjetischen Mineralöl-Verwaltung. So wurde die neue Shell Austria AG ab 1950 in den drei übrigen Zonen aufgebaut und konnte erst ab 1955 auch auf den Osten erweitert werden. URL: https://de.wikipedia.org/wiki/Royal_D utch_Shell#Shell_in_Österreich (abgerufen 22.10.2021).

86 Leider konnten in den Korrespondenzen Rübelts keine Unterlagen zu den Aufträgen der Firma Shell gefunden werden, daher kann über die Details der Aufträge nur spekuliert werden.

Werbewirksamkeit wichtigen imposanten Steher mit dem Shell-Logo sichtbar
sind.

Leider ist bei vielen Fotoserien kein Aufnahmeort angegeben, man kann nur
anhand der Umgebung einen städtischen oder ruralen Standpunkt ausmachen
bzw. aufgrund einer Gebirgskulisse von einem Standort in den Alpen ausgehen.
Bemerkenswert ist die klar verortbare Aufnahme der Shell-Tankstelle am Walserberg, die sehr reduziert in Szene gesetzt wird, fokussiert einerseits auf die
beiden Zapfsäulen, aber auch auf den Hintergrund mit dem Grenzbalken und
unscharf abgebildeten Autos: Es ist eine der wenigen Aufnahmen, die Bewegung
und Mobilität suggerieren und Internationalität andeuten. Im Jahr 1955 fotografiert Rübelt das Interieur eines Shell-Kiosk. Regale mit den neuesten Mo-
torölen und einem modernen Werbesteher aus Pappe kontrastieren auffällig mit
der altmodischen riesigen Registrierkassa und der Verkäuferin (?) im Pelz-
mantel. In diesem Bild setzt Rübelt die Gleichzeitigkeit von Tradition und Moderne in Szene und zeigt so seinen scharfen Blick für Gegensätze und skurrile
Szenerien.

Ganz der Moderne verhaftet ist hingegen eine – farbige – Fotoserie einer
großen Shell-Tankstelle auf der Triesterstraße in Wien (1958). Dieses Stadtmö-
bel, an einer der wichtigsten Ausfallstraßen Wiens gelegen, wirkt im Stil der
Aufnahmen fast amerikanisch. Möglicherweise holte sich Rübelt die Inspiration
bei seinen beiden USA-Aufenthalten in den Jahren 1954 und 1958. Eine Aufnahme dieser Serie fällt allerdings aus dem Rahmen: die Tankstelle spielt nur eine
Nebenrolle, den Blickfang bildet eine Art Schanigarten auf der vor der Tankstelle
liegenden Wiese mit bunten Plastiksesseln und Sonnenschirmen. So konnten
müde AutofahrerInnen eine kurze Rast einlegen, den Blick über den stylishen
Shell-Kiosk schweifen lassen und das Kommen und Fahren der Tankwilligen
beobachten. Dieses kleine Einsprengsel österreichischer Gemütlichkeit zeigt
abermals das geschulte Auge Rübelts. Zur Tankstelle in der Triesterstraße kehrte
der Fotograf auch für eine Nachtaufnahme zurück, die den mit roten Neon-
buchstaben beleuchteten Kiosk einfängt.

Neben Shell und Mobil war BP (British Petroleum)[87] ein weiterer wichtiger
Auftraggeber für Rübelt. Allein im Jahr 1963 bestellte der Konzern Aufnahmen
von österreichweit 74 Tankstellen; das Bundesland mit den meisten zu fotogra-
fierenden Tankstellen war Kärnten mit 15 Standorten[88]. Von BP finden sich

---

87 BP Österreich entstand 1950 aus den Vorläuferunternehmen Olex, Steaua Romana und
   Runo-Evereth. Schon 1955 war BP in Wien mit 30 Tankstellen und 20 Prozent Marktanteil
   vertreten, 1958 gab es österreichweit 384 Tankstellen und 14 Lager: BP Austria, Unsere Geschichte, URL: http://www.bp.com/de_at/austria/ueber_bp/bp-austria/unsere-geschichte.ht
   ml (abgerufen 12. 1. 2017, Website nicht mehr online).
88 Schreiben von BP an Lothar Rübelt vom 14. März 1963, in: Bestand Rübelt, Korrespondenzordner 1963. ÖNB, Bildarchiv und Grafiksammlung.

einige Schreiben in der Korrespondenz Lothar Rübelts. Er erhielt konkrete Aufträge, welche Tankstellen zu fotografieren sind und wie die Aufnahmen gestaltet werden sollten: Es sollte eine Gesamtansicht gezeigt werden, also „eine mehr technische Aufnahme, bei der besonderes Gewicht auf den Kiosk und das Dach gelegt wird, also weniger auf einen bildnerischen Eindruck."[89] Für BP standen also dokumentarische Fotos im Vordergrund und nicht künstlerisch gestaltete, durchkomponierte Bilder. In seinem als Durchschlag erhaltenen Antwortbrief[90] macht Rübelt darauf aufmerksam, dass für gute Aufnahmen auch das Wetter stimmen müsse und „schwankendes Aprilwetter" die Auftragserledigung möglicherweise verzögern könnte.

Entscheidend dürfte für Rübelt gewesen sein, dass er diese Aufträge, die ihn ja durch ganz Österreich führten, quasi als „Nebenprodukt" z. B. auf der Rückreise aus einem Wintersportort durchführen konnte. Bei der BP-Tankstelle in Heiligenblut (Aufnahmedatum 1961) ist es dem Fotografen wichtig, die als Wahrzeichen des Ortes bekannte Kirche in seine Bildkomposition aufzunehmen. Das Tankstellengebäude mit zahlreichen Fahrzeugen neben den Zapfsäulen und auch am davor befindlichen Parkplatz wird in die Landschaft und die nahe gelegenen Häuser eingeschrieben. Mit einer „Espresso Bar" im Kiosk wird ein klarer Modernitätsmarker gesetzt.

Rübelt inszeniert also sowohl die urbanen wie die ländlichen Tankstellen sehr modern, oft aber kalt und distanziert, ganz im Stil der Architekturfotografie und ohne die Vitalität, die Rübelts Sportsujets lange Zeit auszeichneten, die aber auch der Bewegtheit der Auto-Mobilität weit eher entsprochen hätten. Vor allem die fotografierten Tankstellen im ländlichen Raum wirken seltsam „im Vorüberfahren" fotografiert. Es sind zwar keine regelrechten Schnappschüsse, aber sie atmen nur selten den Geist von Inszenierung und Gestaltungswillen, muten statisch und immobil an, auf Dokumentation und „Produktkatalog" getrimmt. Damit stellen sich die Tankstellenbilder Rübelts aus seiner Sicht primär als Broterwerb dar, den er ohne große gestalterische Intentionen absolviert. Rübelts „geschulter Blick", sein Auge für den „Moment", blitzt nur gelegentlich auf, wenn er Tankstellen in ein größeres Landschafts- oder Stadtensemble integriert oder fast nebenbei eine spannende, skurrile Szenerie festhält oder eine Reminiszenz an die 1930er-Jahre in eine Bildserie einflicht. Rübelt dokumentiert die Ambivalenz der Tankstelle, als Nicht-Ort für Durchreisende und zugleich als lokales Kommunikationszentrum. Rübelt ist, gemäß seiner Fotoaufträge, ein vorbei-

---

89 Schreiben von BP an Lothar Rübelt vom 18. März 1963, in: Bestand Rübelt, Korrespondenzordner 1963. ÖNB, Bildarchiv und Grafiksammlung.

90 Schreiben von Lothar Rübelt an BP vom 21. März 1963, in: Bestand Rübelt, Korrespondenzordner 1963. ÖNB, Bildarchiv und Grafiksammlung.

kommender Reisender, der professionell seine Arbeit erledigt, aber mitunter
eine Szene erkennt, die er als Anekdote professionell festhält.

IV.   Resümee

„Tankstellen im Alltag sind grundsätzlich unauffällig. Überlandstraßen und
Autobahnen säumend, eingefaltet in urbane Räume oder als Element suburba-
ner, industrieller Zonen nimmt man sie kaum wahr. [Doch die] Tankstelle ist ein
Ort mit zwei Gesichtern [… H]at sie unsere Aufmerksamkeit einmal auf sich
gezogen, zeigt sie auch ihre andere Seite, das Gesicht eines symbolisch hoch
aufgeladenen Transit-Ortes, eines Knotenpunktes unterschiedlichster Diskurse.“[91] Man sollte die Tankstellen-Fotos von Lothar Rübelt also nicht auf lieblose
Auftragswerke reduzieren, auf lukrative Aufträge renommierter Konzerne, die
quasi „im Vorüberfahren“ zu erledigen sind. Rübelts Fotos sind nicht allein
durch eine Abbildung oder Repräsentation der Biografie des Fotografen, durch
ökonomische Prämissen wie Wirtschaftaufschwung, Massenmobilisierung und
die Interessen von Mineralölkonzernen oder als Alltagsprodukte einer architektonischen Moderne definiert. Und sie sind nicht nur Resultat der technischen
Möglichkeiten des (Foto-)Apparats im Kontext der Medienentwicklung. Vielmehr bilden die Fotos „Sinn“ ab und produzieren „Sinn“, was ein Vergleich mit
anderen Bildern von Tankstellen verdeutlichen soll.

Auffällig ist etwa die Verwandtschaft zum fotografischen Projekt der Standard
Oil Company, die nach der Depression der 1930er und der weit verbreiteten
Kritik der amerikanischen Bevölkerung an der Politik der Großkonzerne in den
1940er-Jahren eine große PR-Kampagne startete: Unter dem für sozialkritische
Projekte bekannten Art Director Roy Stryker wurden zwischen 1943 und 1950
von namhaften FotografInnen etwa 20.000 Bilder zusammengestellt, mit denen
die „amerikanische“ Geschichte von Öl und Benzin von der Förderung bis zum
Verkauf dokumentiert wurde.[92] Markant sind aber auch die Parallelen zu Ed
Ruschas in der gleichen Zeit entstandenen fotohistorisch bedeutsamen „Twenty-

---

91 Christine Lötscher, „Explosive Kontaktzonen: Tankstellen als poetologische Drehpunkte im
    Coming-of-Age-Genre“, in: Jahrbuch der Gesellschaft für Kinder-und Jugendliteraturfor-
    schung 2020, 110–121, URL: https://ojs.ub.uni-frankfurt.de/gkjf/index.php/jahrbuch/article
    /view/56 (abgerufen 26. 12. 2021).
92 Steven W. Plattner/Roy Stryker, U.S.A., 1943–1950, The Standard Oil (New Jersey) Photo-
    graphy Project, Austin 1983. Aus dem Projekt entstand die Standard Oil (New Jersey) Col-
    lection, die insgesamt 80.000 S/W-Negative, 70.000 Gelatineabzüge und 2.000 Farbdias aus
    aller Welt zum Thema umfasst: University of Louisville, University Libraries, Standard Oil
    (New Jersey) Collection, URL: https://digital.library.louisville.edu/cdm/description/collecti
    on/sonj/ (abgerufen 26. 12. 2021).

six Gasoline Stations"[93], dem ersten „Künstlerbuch" der amerikanischen Kunst, in dem die Benzinstationen gleichfalls „neutral und beabsichtigt uninteressant" präsentiert werden. Ruscha erhebt mit seinen Bildern das abgebildete Objekt „in den Rang eines Gegenstands der künstlerischen Darstellung" und konzentriert sich auf die „Feststellung der wirtschaftlichen, aber auch gesellschaftlichen Position von Tankstelle und Straße". Nicht zuletzt, indem er „vorgeblich ästhetische Maximen" konterkariert, verweist er „auf das entfremdete Verhältnis de[r] Menschen zu ihrer baulichen Umgebung".[94] Die Bedeutsamkeit von Ruschas Fotoband wird dadurch betont, dass sich seither etliche fotografische Arbeiten dezidiert darauf beziehen, teils als Fortführung seiner Idee, teils in bewusster Abgrenzung[95]. Die jüngste Referenz auf Ruschas Werk stammt von Sebastian Hackenschmidt und Stefan Oláh[96]: Oláhs Bilder von Wiener Tankstellen weichen von Ruschas Vorlage im doppelten Sinn ab: Erstens dokumentiert er Aspekte einer rapide verschwindenden Einrichtung, nämlich der Straßen- und Hinterhoftankstelle, andererseits bietet er professionell gearbeitete und inszenierte Bilder – und schließt damit bei Rübelts Tankstellenbildern an. Da betrifft vor allem die statische, distanzierte, fast menschenleere Darstellung.

Abweichend von der überbordenden und zunehmend aggressiven Werbesprache zeichnet Rübelt kalte Bilder, als wolle er sich der „Explosion der Zeichenmenge"[97] entgegenstellen. Ästhetisch symbolisieren Rübelts Tankstellenbilder – korrelierend mit ihrer Umgebung – den Fortschritt. Vorsichtig und „konservativ" im ländlichen Gebiet mit eher zurückhaltender und unauffälliger Architektur, dagegen groß, fast protzig und hypermodern im Urbanen. So gesehen stehen die Tankstellen des Lothar Rübelt an der Kreuzung zwischen Wirtschafts- und Verkehrs- bzw. Mobilitätsgeschichte[98], zwischen Foto- und Kulturgeschichte: Automobil und Fotografie modellieren als „(sozial-)räumliche

---

93 Edward Ruscha, Twentysix Gasoline Stations, Los Angeles 1963.
94 Verena Hertz, Momentaufnahmen. Die Straße als Motiv der zeitgenössischen amerikanischen Fotografie, in: Erik Wegerhoff (Hg.), On the Road / Über die Straße. Automobilität in Literatur, Film, Musik und Kunst, Berlin 2017, 113–130, 128–129.
95 Michalis Pichler, Twentysix Gasoline Stations, Berlin/New York 2009; Jeffrey Morger, Twentysix Gasoline Stations, Zürich 2013. Einen Überblick gibt Simone Moser, Enjoy Künstlerbücher, 2021, URL: https://www.mumok.at/de/blog/enjoy-kuenstlerbuecher (abgerufen 27. 12. 2021).
96 Sebastian Hackenschmidt/Stefan Oláh, Sechsundzwanzig Wiener Tankstellen, Amsterdam 2010; vgl. Sechsundzwanzig Wiener Tankstellen. Salon für Kunstbuch, URL: https://www.sfkb.at/books/sechsundzwanzig-wiener-tankstellen/ (abgerufen 28. 12. 2021).
97 Oliver Kühschelm, Markenprodukte in der Nachkriegszeit. Wahrzeichen der Konsumkultur am Übergang zur Wohlstandsgesellschaft, in: Susanne Breuss (Hg.), Die Sinalco-Epoche. Essen, Trinken, Konsumieren nach 1945, Wien 2005, 61–71, 65.
98 Hans-Liudger Dienel, Verkehrsgeschichte auf neuen Wegen, in: Jahrbuch für Wirtschaftsgeschichte 48 (2007) 1, 19–39.

Praktiken" sowohl materielle wie eigenständige Wahrnehmungsräume[99], die sich beispielhaft in der Architektur und den Bedeutungen von Tankstellen konkretisieren. Im Vergleich zum „Kampf um die Stadt" und die – nicht zuletzt politische – Auseinandersetzung zwischen Stadt und Land in den 1930er-Jahren geht es in den 1950ern um eine distanzierte, „coole", also eine „ruhige Moderne": Sie ist marktwirtschaftlich, evolutionär, sie ist zugleich individualistisch und kollektiv, und sie setzt – wie Rübelts Fotos von Tankstellen – kleine Zeichen von Emotionalität, Skurrilität oder Traditionalismus. Aus der retrospektiven Sicht markieren sie freilich paradigmatisch den Startpunkt einer nicht nur ökologischen Misere.[100]

---

99 Ponstingl, Einsätze, 51.
100 Christian Pfister, Das 1950er Syndrom. Die Epochenschwelle der Mensch-Umwelt-Beziehung zwischen Industriegesellschaft und Konsumgesellschaft, in: GAIA – Ecological Perspectives for Science and Society 3 (1994) 2, 71–90.

Abstracts

"Age of Extremes" or "Great Acceleration"? Environmental History of Twentieth Century Austria

Ernst Langthaler
Interrupted Acceleration: Austria's Economy under the Nazi Regime from a Socioecological Perspective

The article examines Austria's economy under National Socialism from a socio-ecological perspective that combines materialist and culturalist approaches. Questioning the caesuras of the 'backbreak' in 1945 and the 'Great Acceleration' around 1950, the article emphasizes the comparatively strong acceleration of the appropriation of key resources for the autarky and armament economy – mineral fertilizer, crude oil, aluminium and rayon – already during the Nazi period. The productivist resource mobilization pursued by the Nazi regime and German corporations met with loud but rather ineffective protest from conservationist activists who defended their image of the landscape as a 'garden'. In the long run, the acceleration of resource flows in the Nazi period was embedded in Austria's petro-industrial transition from the 1930s to the 1950s: as the forerunner ('Little Acceleration') or even the onset of the 'Great Acceleration' of material and energy flows that came into full effect in the postwar period, interrupted by the economic shock of the change of the political regime in 1945.
Keywords: National Socialism, mineral fertilizer, crude oil, aluminium, rayon, productivism, nature conservation

Robert Groß
Calories, Kilowatts and Credit Programs. The European Recovery Program (ERP)
as a Turning Point for Socionatural Relations in Austria?

Since the middle of the 20th century, socio-economic growth rates have accelerated, globally but also in Austria. The downside is soil sealing, loss of biodiversity, steadily increasing GHG emissions, rising temperatures and melting glaciers. In this context, environmental historians speak of the "Great Acceleration" since the 1950s; a self-reinforcing process driven by economic and population growth that was fueled by constantly rising energy consumption. In Austria, this process coincides with the extreme weather events of 1947, reconstruction of a wrecked national economy and participation in the European Recovery Program (ERP)/Marshall Plan. The paper argues that a socio-ecologically informed reading of the ERP contributes to a better understanding of the "Great Acceleration." Such an analysis, however, should not be exhausted in either the analysis of political events or the quantitative long-term perspective of social ecology, but can unfold its potential only in the combination of both approaches, as discussed on the basis of some ERP projects and contemporary nature conservation debates.
Keywords: European Recovery Programm (ERP)/Marshall Plan, Drought 1947, Great Acceleration, Austria, Contemporary Environmental History

Martin Schmid
Crisis? What crisis? The Austrian 1970s from an Environmental History Perspective

Due to oil prices and terror, the 1970s have been described as a decade of crisis, but in Austria, with a view to the "Kreisky Era", also as a phase of societal renewal, democratisation, and modernisation. In environmental history, this decade marks the break-through of a consumer and throwaway society with the concurrent formation of a new environmental movement. This article attempts a combination of different historiographical interpretations of the 1970s. With a focus on material and energy flows ('social metabolism'), the 1970s can be characterised as a decisive late phase of Austria's transition from an agrarian to an industrial socio-metabolic regime. Austria saw a significant deceleration of economic growth, compared to the "Wirtschaftswunder", and thus a slowdown in the consumption of nature. This situation was a "crisis" for most political elites, also blaming the new environmental movement for conflicts over a future energy system.

Keywords: 1970s, Austrian environmental history, social metabolism, consumer society, environmentalism

Katharina Scharf
The Austrian environmental movement from a long-term and gender perspective

Contemporary historical research on the environmental movement and environmental awareness in Austria essentially lacks two dimensions: the gender perspective and the long-term perspective. The article examines the potential of linking these three areas, environmental history, women's and gender history, and contemporary history. Theoretical considerations and discussion impulses are grounded in empirical examples to identify continuities and breaks from the 19th to the second half of the 20th century.
Aesthetics, health, and care are areas that are examined in terms of their continuities, taking into account the connection between ideas of nature, the environment, and gender. On the other hand, breaks are evident due to wars, technologies, or social changes in consumption. The spatial focus is on Austria, whereas the broader view is on the German-speaking countries.
Keywords: Environmentalism, Nature Conservation, Women's and Gender History, Austria

Matthias Marschik / Michaela Pfundner
Flying Roofs of Modernity. The Filling Stations of Lothar Rübelt

At first glance, a photograph of a gas station around 1960 seems to be an image of marginal importance. Interest is only aroused when it is found in the picture archive of the Austrian National Library (ÖNB) and radiates high artistic skill. This is not surprising, since the photographer's name is Lothar Rübelt. In the photos of the gas stations, Lothar Rübelt's biography and his changing photographic design principles on the one hand and the interests of the clients of the advertising images on the other are intermingled with fundamental meanings of mobility and movement, of urbanity and rurality, of architecture and spatial order, of locality and globalization. This article asks, how the "architectural specification" of gas stations and their staging by Lothar Rübelt mix with practices of Austrian everyday culture and how the acceleration embodied in photography as well as in automobilism became transformed.
Keywords: Photography, Everyday Modernity, Automobility, Architecture, Lothar Rübelt

Rezensionen

Wolf Kaiser (Hg.), Der papierene Freund. Holocaust-Tagebücher jüdischer Kinder und Jugendlicher (Studien und Dokumente zur Holocaust- und Lagerliteratur 12), Berlin: Metropol-Verlag 2022, 607 Seiten.

30 Holocaust-Tagebücher jüdischer Kinder und Jugendlicher, aus Österreich und Deutschland, aus Frankreich, den Niederlanden, dem Protektorat Böhmen und Mähren, aus Rumänien, dem Warthegau und dem Generalgouvernement, dem Reichskommissariat Ostland, aus der Sowjetunion und aus Ungarn, sorgfältig ediert, wo nötig kontextualisiert und erklärend eingeleitet durch Wolf Kaiser, dem ehemaligen Leiter der Pädagogik an der Gedenk- und Bildungsstätte/Haus der Wannsee-Konferenz in Berlin. Diese Tagebücher erlauben einen radikalen Perspektivenwechsel: Wie nehmen Kinder und Jugendliche ihre unvorstellbar gewandelte Umgebung wahr, wie beschreiben und deuten sie ihren Alltag, gezeichnet durch Bedrückung und Gewalt, durch Freundschaft und Hoffnung, oft genug angesichts der Allgegenwart und Unausweichlichkeit des Todes, in Ghettos, im Versteck oder auf der Flucht? Wie schreiben sie über ihre Mitwelt, ihre Familien und FreundInnen, die jüdischen Institutionen, die deutschen oder regionalen Verfolger?

Von den 30 Tagebuch-SchreiberInnen im Alter von 15 bis 24 Jahren waren 19 weiblich, sie kommen aus teils religiösen, teils säkularen Familien; manche wuchsen in wohlhabenden Verhältnissen auf, andere in Armut. Allen war gemeinsam, dass sie – im Gegensatz zur Memoirenliteratur – nicht wussten, was der nächste Tag bringen würde. Elf überlebten nicht – und ihre Tagebücher wurden ganz unterschiedlich überliefert – etwa, wenn eines am Rande der Straße aufgelesen wurde, auf der die Autorin zur Exekution getrieben worden war. Manche Tagebücher wurden innerhalb der Familien bewahrt, auch wenn sie nicht gelesen wurden. Ellis Pareira und Barend Spier mussten sich getrennt in den Niederlanden verstecken und schrieben sich gegenseitig Tagebücher über die Zeit der Trennung. Barend („Bernie") Spier leitete seines mit einer Widmung an Ellis C. Pareira ein und bestimmte: „Wenn ich es nicht ihr selbst geben kann und es in die Hände anderer fällt, dann verbiete ich ihnen, die folgenden Seiten umzublättern und zu lesen." (S. 111) Barend sowie seine Familie wurden 1943 von Kollaborateuren, die sich damit ein Kopfgeld verdienten, ausgeliefert und nach Auschwitz deportiert, wo er umkam. Ellis Pareira erhielt zwei Tagebuch-Hefte, eines am Tag ihrer Hochzeit in Palästina – und bewahrte sie mehr als 60 Jahre ungeöffnet auf, ehe sie ihrer Tochter die Erlaubnis zur Lektüre und anschließenden Veröffentlichung gab. Die 17-jährige Miriam Chaszczewicka aus dem nahe Tschenstochau gelegenen Radomsko machte sich wenig Illusionen über ihre Zukunft: „Unsere Tage sind gezählt. Częstochowa ist umstellt, und die Deportationen von dort haben begonnen. In drei oder vier Tagen beginnt diese Geschichte bei uns. Und dann? Oh Gott! Wie grausam ist die Gewissheit des bevorstehenden Todes.

Aber ist der Tod das Schlimmste? Schlimmer ist der Weg, der dorthin führt, also die Tyrannei in den Waggons, Luftmangel." Und sie berichtet: „Beim Großvater erschienen drei junge Männer. Sie baten um Scheidung von ihren Ehefrauen. Ich denke, diese Entscheidung ist ganz in Ordnung. Wer kann schon wissen, ob sie sich nicht aus den Augen verlieren oder auseinandergerissen werden? Wenn zum Beispiel ein Ehemann spurlos verschwindet, kann seine Frau kein zweites Mal heiraten […]". Und weiter: „Ist es nicht dumm, dass ich mir einen Schritt vor dem Tod Sorgen mache, was mit meinem Tagebuch passieren wird? Ich wünschte, es würde nicht kläglich in einem Ofen oder auf einer Müllhalde landen. Ich möchte, dass jemand es findet, sogar ein Deutscher, und es liest." (S. 301)

Ihr Tagebuch endet mit einem Eintrag in einer anderen Handschrift: „Am 24. Oktober 1942 abends meldete sich die Autorin des Tagebuchs Miriam zusammen mit ihrer Mutter bei dem diensthabenden Polizisten […]. Sie sagten, sie hätten sich eine Woche lang in der Toilette versteckt und fast drei Tage lang nichts gegessen […]". Miriam wurde ermordet, und sie bekam keine Gelegenheit mehr, die Weltwunder zu sehen, die sie sich gemeinsam mit ihren Freundinnen ausgemalt hatte. Doch ihr Tagebuch wurde von einer Überlebenden des Ghettos von Radomsko bewahrt und später an Yad Vashem übergeben. Wolf Kaiser macht es nun – wie alle in gekürzter Fassung – deutschsprachigen LeserInnen zugänglich. Seine editorische Sorgfalt sei an einem Beispiel verdeutlicht, welches die Übersetzung der in neun Sprachen verfassten und teils hier erstmals publizierten Tagebücher betrifft. Viele werden dafür aus der Originalsprache übersetzt, bereits vorliegende Übersetzungen in andere Sprachen lässt Kaiser anhand der Originale überprüfen. Elye Gerber notierte im Ghetto Kowno am 10. November 1942: „Der Papa hat eine neue Stellung im Ghetto erhalten, eine unbekannte und unverhoffte: Er ist Dirigent des Polizisten-Chors geworden […] und muss einen vierstimmigen Chor aus etwa hundert Ghetto-Polizisten zusammenstellen. Es klingt wie ein Traum – die Juden im Ghetto, Menschen, die zum Tode verurteilt sind, nein, nicht eigentlich Menschen, sondern Schatten von Menschen, lebende Leichname, Leute, die bald die Radieschen von unten betrachten, ausgerechnet die sollen einen Chor im Ghetto schaffen?" In einer Anmerkung zu den „Radieschen" wird festgehalten, dass es im jiddischen Original „künftige Bagel-Bäcker" heißt, was auf die Redensart „lign in dr'erd und bakn beygel" zurückzuführen ist. Die zahlreichen, fundierten Anmerkungen wie auch die sorgfältigen Einleitungen machen diese Anthologie zu einer Hinführung zu zerstörten jüdischen Welten ebenso wie zu einer Geschichte des Holocaust aus der Perspektive von Jugendlichen. Diese notieren in den Tagebüchern in je eigener Tonlage, manchmal persönlicher, manchmal sachlicher, oft auch elegant im Hinblick auf mögliche LeserInnen ihre Geschichten sowie die ihrer Verwandten, Bekannten und FreundInnen. Manchmal sind die Eintragungen eine Feier des Lebens, manchmal überwältigen Gewalt und Tod. Sie geben Zeugnis von dem, was war, und manche schreiben geradezu kleine Sozialreportagen über das, was sie sehen und erleben: am Wohnort, im Ghetto, auf der Flucht, im Versteck. Dabei geht es immer auch um Beziehungen zur nicht-jüdischen Umwelt, etwa wenn der dreizehnjährige Ephraim Sternschuss aus seiner im Generalgouvernement gelegenen Heimatstadt unmittelbar nach der Eroberung der Stadt durch die Deutschen berichtet. Sein Vater entkam mit Glück der Erschießung, indem er sich tot stellte, weil er nach schweren Misshandlungen durch Ukrainer schon im Graben lag. Zuvor hatten den Vater noch deutsche Offiziere auf seinen Beruf als Rechtsanwalt und seine Studien in Wien angesprochen, auch blieb ihm der Ukrainer merkwürdig, der ihn schwer misshandelte – hatte er ihn doch durch juristischen Beistand zwei Monate zuvor vor der Deportation nach Sibirien bewahrt […]. Bald darauf starb der Vater an den Folgen der Misshandlungen und die Familie wurde in der Folge von ukrainischen Bauern versteckt, die dabei ihr eigenes Leben riskierten. Ephraim Sten, wie sich Sternschuss nach dem Krieg nannte, erreichte 1988, dass drei von ihnen in Yad Vashem als „Gerechte unter den Völkern" anerkannt wurden (S. 394).

In den Tagebüchern begegnen uns beeindruckende Persönlichkeiten, die tiefe Einsichten in ihre Lage vermitteln, die hoffen und bangen, und von denen viele mit eisiger Klarheit das Kommende benennen. Die Texte bergen ein großes Potenzial gerade für die Bildungsarbeit mit Jugendlichen, doch sie sind darüber hinaus wichtig. Denn sie berühren und verlangen von den Lesenden eine klare, moralische Positionierung: Die Verfolgung von Kindern und Jugendlichen ist offensichtliches Unrecht und Grund für Scham und Trauer. Die Herausgabe der Tagebücher auf Deutsch ist ein großes Verdienst.

Werner Dreier

Ulrich Kasten/Grażyna Kubica, Das Männerlager im Frauen-KZ Ravensbrück sowie Lagerbriefe und die Biografie des Häftlings Janek Błaszczyk, Fürstenberg/Havel: Verlag der Kulturstiftung Sibirien 2021, 184 Seiten.

Am 30. September 1940 schrieb Janek Błaszczyk (1893–1942), der aus Ustron im Teschener Schlesien stammte, folgende Zeilen aus dem Konzentrationslager Dachau an seine Familie: „[…] Sehne mich so sehr nach der Wärme der lieben Familie, auch vermisse ich sehr die Samstagabende, Mamusia! Aber Geduld! Bis die Zeit kommt und wir wiederum glücklich beisammen sind. Nochmals tausend Grüße und Küsse, auch an die Dejmitu Renke. Euer Vater Johannes" (S. 79).

Ein halbes Jahr später, im April 1941, wurde der ausgebildete Spengler zusammen mit rund 300 weiteren Insassen nach Ravensbrück überstellt. Im Frauenkonzentrationslager wurden die Facharbeiter und Handwerker in einem

separaten Bereich untergebracht und für Erweiterungs- und Instandhaltungs-
arbeiten im Lagerkomplex eingesetzt. Für beinahe jeden dieser Männer bedeutete die Internierung in Ravensbrück den Tod – auch für Janek Błaszczyk. Er starb
am 29. April 1942 an den Folgen der Torturen. Einen heimlichen Hilferuf an seine
Familie hatte er im oben zitierten Brief an der Zensur vorbeischmuggeln können.
Aus der schlesischen Phrase „Dej mi tu renke" (wörtlich „Gib mir hier die Hand",
metaphorisch „Hilf mir hier") hatte er eine fiktive Bekannte namens „Dejmitu
Renke" gemacht, der er vermeintliche Grußworte schickte (S. 79). In weiteren
Briefen berichtete Janek Błaszczyk in Chiffren von dem unerträglichen Hunger
und seiner sich zunehmend verschlechternden Konstitution. Ansonsten verraten
die nach strengen Vorgaben der Lagerverwaltung und zensurbedingt normiert
verfassten Schreiben kaum etwas über sein persönliches Schicksal oder den
grausamen Lageralltag. Liebevolle, teils besorgte und oftmals ermunternde
Grüße an seine Frau Mania und seine Kinder sowie Freunde und Verwandte in
der Heimat füllen den äußerst begrenzten Artikulationsrahmen der Briefe aus. 25
davon sind im Familienarchiv der Autorin Grażyna Kubica, deren Großvater
Janek Błaszczyk war und die wie er aus dem schlesischen Ustron stammt, erhalten geblieben.

Grażyna Kubica ist Professorin für Sozialanthropologie an der Jagiellonen-
Universität in Krakau. Sie beschäftigt sich unter anderem mit der Kulturgeschichte und den Lebenserinnerungen von Menschen aus ihrer Heimatregion. Zu
ihren weiteren Forschungsinteressen zählen die visuelle Anthropologie und der
ethnografische Film sowie die Themenkomplexe Ethnologie und Literatur oder
religiöse (protestantische und jüdische) Fragen. Kubica hat mehrere Werke zur
Anthropologiegeschichte vorgelegt, insbesondere zu Biografie und Werk des
polnischen Sozialanthropologen Bronisław Malinowski (1884–1942) und der
ebenfalls aus Polen stammenden Kulturanthropologin Maria Czaplicka (1886–
1921).

Ko-Autor Ulrich Kasten ist ein pensionierter Lehrer, der sich für die Kulturstiftung Sibirien zur Zeitgeschichte engagiert. Als profunder Kenner der Geschichte des Frauenkonzentrationslagers Ravensbrück, in dessen Nähe er wohnt,
hat er vor allem zu Lebensgeschichten von polnischen Überlebenden publiziert.
Er transkribierte die in akkurater, altdeutscher Handschrift mit österreichischem
Einschlag („Brieferl", „habts", „seids", etc.) verfassten Briefe des Janek Błaszczyk.
Erläuternde Kommentare zum Kontext sowie zu genannten Personen wurden
von Grażyna Kubica ergänzt. Abbildungen der Originalbriefe und einige Dokumente zum Frauen-KZ Ravensbrück aus dem Privatarchiv der Autorin finden
sich (leider nur) im Anhang der Online-Ausgabe.[1]

---

1 https://bolt-dev.dh-north.org/files/dhn-pdf/maennerlagerblaszczyk.pdf (letzter Zugriff am
14.06.2022).

Kasten und Kubica verfolgten bei der Aufarbeitung der nur spärlich vorhandenen Dokumente weniger eine forschungsleitende Fragestellung als vielmehr zwei konkrete Ziele. Zum einen wollten sie einem bislang unbekannten und namenlosen Opfer des NS-Regimes – stellvertretend für unzählige andere – den Namen und eine Stimme (zurück)gegeben. Zum anderen sollte der Fokus auf einen bislang nur wenig beleuchteten Aspekt des NS-Terrorsystems – das sogenannte Männerlager im Frauen-KZ Ravensbrück – gerichtet werden. Das Werk reiht sich damit einerseits in den Forschungskontext der Aufarbeitung des komplexen NS-Lagersystems ein; andererseits haben sich briefliche (wie auch andere schriftliche) Zeugnisse von Opfern und Überlebenden des Holocaust auch als literarisches Genre etabliert, wodurch das Werk für ein akademisches Fachpublikum ebenso relevant ist, wie für Interessierte abseits der wissenschaftlichen Auseinandersetzung.

Das Buch ist in vier Abschnitte gegliedert. Zunächst skizziert Ulrich Kasten anhand von wenigem Quellenmaterial sowie ergänzender Fachliteratur die Geschichte des Männerlagers Ravensbrück. Ausgehend von Janek Błaszczyks Ankunft im Frühjahr 1941 spannt er einen zeitlichen Bogen über den Tod des Protagonisten hinaus, bis hin zur Zeit des Verschweigens in den unmittelbaren Nachkriegsjahren. Einrichtung und Funktion des Lagerbereichs werden ebenso anschaulich dargelegt, wie der Tagesablauf und die Arbeitsbedingungen sowie Ernährungslage und Versorgung der Insassen. In einem vergleichsweise ausführlichen und damit etwas vom Thema abschweifenden Exkurs greift Kasten zudem die bereits an anderen Stellen ausführlich (und durchaus kontrovers) diskutierte Frage nach der Rolle den sogenannten Kapos, also der Funktionshäftlinge, auf.

Das zweite (Kasten) und das dritte Kapitel (Kubica) sind den Briefen des Janek Błaszczyk gewidmet, die anschließend in chronologischer Reihenfolge angeführt sind. Einleitend (jedoch getrennt voneinander) befassen sich der Autor und die Autorin mit den allgemeinen Rahmenbedingungen der Lagerkorrespondenz, diskutieren inhaltliche sowie sprachliche Unterschiede zwischen den Briefen aus Dachau und jenen aus Ravensbrück und weisen auf chiffrierte Mitteilungen hin. Einige Wiederholungen in diesen Ausführungen sind wohl der gemeinsamen Autorenschaft und der Wahl der Kapitelstruktur geschuldet; vom interessanten und aufschlussreichen Inhalt vermögen sie aber nicht abzulenken.

Geradezu kraftvoll entwickelt sich der abschließende vierte Teil des Buches, in dem Grażyna Kubica die Lebensgeschichte ihres Großvaters aufrollt. Hier zeigt sich einmal mehr das Potenzial der (Einzel)Biografie, die – adäquat in den historischen Kontext eingebettet – so viel mehr zu erzählen vermag als das Leben eines einzelnen Menschen. Wie „(un)gewöhnlich" (S. 95) dieses im Fall von Janek Błaszczyk war, beschreibt die Autorin äußerst kurzweilig und detailreich. In seiner Lebensgeschichte spiegeln sich wie in einem Brennglas die massiven po-

litischen und gesellschaftlichen Umbrüche eines Landstrichs, dessen Regional-
geschichte man im Detail wohl kaum in einem Schulbuch im deutschsprachigen
Raum finden wird. Das Teschener Schlesien gehörte ab dem 16. Jahrhundert und
bis zum Ende des Ersten Weltkriegs zur Habsburgermonarchie, in dessen Armee
Błaszczyk diente. Als Polen 1918 nach mehr als 120 Jahren der Fremdherrschaft
wiedererrichtet wurde, brach ein Streit zwischen dem neuerstandenen Staat und
der Tschechoslowakei um die Region aus. Dabei wurde nicht nur um die Sprache
gerungen (neben Schlesisch und Polnisch waren auch Tschechisch und Deutsch
gängig), sondern auch um die Grenzziehung sowie die nationale Identität der
ansässigen Menschen, die sich selbst teils als Polen, Schlesier, Tschechen oder
Deutsche definierten. Wie sich das Leben des Janek Błaszczyk in diese tiefgrei-
fenden Verflechtungen und Verwerfungen einreiht, sei an dieser Stelle nicht
verraten, nur so viel: Kubica fand Hinweise, dass ihr Großvater ab 1918 an
(möglicherweise gewaltsamen) pro-polnischen Aktivitäten beteiligt war – was
ihm letztendlich möglicherweise das Leben kostete. Trotz sehr wahrscheinlicher
Bemühungen seitens seiner Familie – und anders als manch einem seiner Bekannten – gelang es ihm nicht, der KZ-Haft zu entrinnen. Neben den Lager-
briefen dienten Kubica Dokumente aus Kirchen- und Militärarchiven sowie
amtliche Korrespondenz und Fotos aus dem Familienarchiv als Quellenkorpus.
Die persönliche Nähe der Autorin zum Protagonisten erweist sich in ihren
Ausführungen als Stärke. Einerseits gelingt ihr eine Durchdringung der Lebensgeschichte mit wertvollem Spezialwissen zur Familienhistorie, andererseits
lässt die sensible und dennoch kritische Schilderung die starken familiären
Bande über Zeit und Generationen hinweg auf eine berührende Art und Weise
spürbar werden.

Lisa Gottschall

**Heidemarie Uhl/Richard Hufschmied/Dieter A. Binder (Hg.), Gedächtnisort
der Republik. Das Österreichische Heldendenkmal im Äußeren Burgtor der
Wiener Hofburg. Geschichte – Kontroversen – Perspektiven, Wien/Köln/Wei-
mar: Böhlau Verlag 2021, 464 Seiten, mit 392 Abbildungen.**

Ob Sigmund Freud das „Heldendenkmal" in seinen letzten Jahren in Wien zur
Kenntnis genommen hat, ist mir nicht bekannt. Reizen hätte es ihn können,
interessierten ihn doch auch Fragen der Wirkung von – individuellen – Erinnerungen. In seiner kleinen Notiz über den „Wunderblock" hat er 1925 einen
Problemzusammenhang beschrieben, der auch heute noch für die Gedächtnis-
problematik und für die Funktion von Denkmälern anregend ist, bei aller Vor-
sicht hinsichtlich der Übertragung individueller Kategorien auf kollektive Zu-

sammenhänge. Wenn man seinem Gedächtnis misstraue, so Freud, mache man sich schriftliche Aufzeichnungen, und erhalte dadurch eine „dauerhafte Erinnerungsspur". Die kann aus Papier sein – und bei Denkmälern, kann man ergänzen, meist aus Marmor oder Stein, aus Bronze oder Eisen, auf Grund der Hoffnung, dass diese Materialien besonders dauerhaft seien. Doch die Erwartung der Persistenz und Unveränderlichkeit, die bei der Errichtung von Denkmälern gehegt wird, ist eine Illusion. Der Wunderblock (eine Tafel, auf deren Oberflächenfolie sich schreiben lässt, wobei das Geschriebene wie von Zauberhand verschwindet, wenn man die innen liegende Wachstafel kurz herauszieht und dadurch die Verbindung mit der Oberfläche kurzzeitig unterbricht) ist für Freud das Beispiel, mit welchem er die immer wieder neue Aufnahme von Reizen im menschlichen Bewusstsein und das Bewahren von „Dauerspuren" im Gedächtnis, erläutert.

Das dauernd sich verändernde „Heldendenkmal" in Wien lässt sich, Freud aufgreifend, als „Wunderblock" der österreichischen Gedenklandschaft an das Kriegssterben in der Moderne verstehen. Die Verschränkung von ‚Reiz empfangenden' und ‚Eindruck bewahrenden' Ausdrucks- und Darstellungsweisen prägt die Dynamik gegenwärtiger Gedenkkulturen, mit ihren monumentalen und rituellen Elementen. Die permanente Anpassung an Bedürfnisse und Erregungen der Gegenwart führt zu Veränderungen der Oberfläche, ohne aber dass die vergangenen Aufschriften aus dem Erinnerungshaushalt gelöscht werden.

Der Band bietet erstmals eine wirklich umfassende Darstellung der komplexen Geschichte des Burgtors und des Heldendenkmals als dem zentralen Denkmalskomplex des „politischen Totenkults" (Reinhart Koselleck) des Habsburger Reiches und der Republik Österreich seit dem frühen 19. Jahrhundert. Um es vorwegzunehmen: Die Beiträge bieten einen empirisch breit und sehr sorgfältig dokumentierten Überblick über die Geschichte des Ensembles, sie gehen dabei auch auf ästhetische Fragen ein, konzentrieren sich aber auf das Objekt selber und die rituellen Praktiken im, am und um das Denkmal. Richard Hufschmied hat dabei den größten Anteil, fast ein Drittel des Bandes stammt von ihm, präzise im Detail und wohltuend nüchtern im Sprachlichen. Zur Geschichte des Burgtors findet man nur einen, jedoch längeren Beitrag, einen weiteren zur ersten knappen Erweiterung im Ersten Weltkrieg. Der Schwerpunkt liegt eindeutig auf der Errichtung des „Heldendenkmals" in den 1930er-Jahren, hier werden sowohl die Denkmalserrichtung umfassend, als auch die Einweihung und Gedenkfeiern ausführlich behandelt (sieben Beiträge). Drei Aufsätze behandeln bauliche Veränderungen und Gedenkfeiern im Nationalsozialismus, fünf die verschiedenen Windungen und Wendungen der langwierigen Transformation des Kriegstotengedenkens in Österreich seit 1945 am Beispiel des „Heldendenkmals". Positiv hervorzuheben an dem Band ist u. a., dass ausführlich auch die Wahrnehmung des „Heldendenkmals" (leider kaum des Burgtors im

19. Jahrhundert) behandelt wird. Monarchie und Republik, Burgtor und Heldendenkmal, monarchische Loyalität und nationale Teilhabe, individuelles Sterben und kriegerische Leistung sind nur einige Stichworte, welche die Bandbreite der gedenkpolitischen Herausforderungen, die sich in den zwei Jahrhunderten seit 1824, als das Burgtor als Siegesdenkmal nach der Revolutionsära eingeweiht worden war, benennen. Das 19. Jahrhundert, d. h. die Zeit vor der ersten, kleinen Erweiterung 1916 und besonders vor der Realisierung des „Heldendenkmals" 1934, steht eindeutig im Schatten der politisch weit konfliktreicheren Geschichte des Denkmals seit 1934. 1824 symbolisierte das Burgtor die Monarchie und die Armee als Grundlagen des Reiches, welche die politische Ordnung legitimierten und sicherten („Justitia Regnorum Fundamentum" verkündet die Inschrift am Burgtor), zu dieser politischen Herrschaftsinszenierung gehörten aber ebenfalls der Theseustempel (die Kunst stellte die Wiederherstellung der Ordnung dar) – und die Cortischen Kaffeehäuser als Vergnügungs- und Versammlungsort für die Bevölkerung, um diese Repräsentation der kaiserlichen Herrschaft gewissermaßen mit dem Kaffee einschlürfen zu können.

Die politischen Umbrüche seit 1918 hatten (und haben noch immer) in den Gedenkkulturen in den Verliererstaaten der Weltkriege oder auch in den Staaten, die unter dem sowjetischen Besatzungsregime litten, komplizierte Umarrangements zur Folge. Die akribische Rekonstruktion dieser permanenten Deutungstransformation des „Heldendenkmal" bildet den Kern des Bandes, die wissenschaftliche Forschung, die sich hier präsentiert, entstand dabei aus einem politischen Auftrag: Seit den 1980er-Jahren hatte auch in Österreich eine kritische und öffentliche Auseinandersetzung mit der Rolle des Landes nach dem „Anschluss" an das nationalsozialistische Deutschland Fahrt aufgenommen, zudem artikulierten sich seit etwa der Jahrtausendwende kleinere Milieus lautstark und provokationsbewusst für die öffentliche Anerkennung des Gedenkens an die österreichischen Soldaten in der Wehrmacht des Dritten Reiches. 1965 wurde ein Weiheraum für die Opfer des Widerstands gegen den Nationalsozialismus eingerichtet, 2012 führten schließlich das Wissen um die Nennung von SS-Angehörigen in den Totenbüchern der Krypta und die Entdeckung eines Schreibens, das der Bildhauer Frass 1935 bei der Aufstellung des Kenotaphs „Toter Krieger" heimlich hineingelegt hatte, zur Einsetzung einer Kommission, welche eine tiefgreifende historische Analyse vornehmen und Vorschläge für eine mögliche – erneute – Umgestaltung des Denkmals vorlegen sollte. Diese wurde 2019 – vorläufig – beendet, mit der Integration eines „Ehrenmals" für das österreichische Bundesheer, nachdem 2012 die Totenbücher von der Krypta ins Museum gebracht und 2015 die Krypta selber profaniert worden waren. Die vom wissenschaftlichen Beirat vorgeschlagene Ergänzung mit einem „Lern- und Vermittlungsort" und einem Denkmal für die Republik Österreich unterblieb.

Das spiegelt den Trend der Gedenkkultur in Österreich und in Deutschland gleichermaßen. Entsakralisierung und zunehmende Pädagogisierung, eine stärkere Ausrichtung auf die Naherinnerung der eigenen politischen Ordnung seit 1945 und ein In-den-Hintergrundtreten der komplexen und normativ kritisch zu bewertenden Vergangenheit davor, ein Verblassen der ‚Vorvergangenheit' vor dem Nationalsozialismus, wenn diese nicht als direkte Vorgeschichte des Nationalsozialismus (wie in Deutschland unter der Denkfigur des Sonderwegs oder in Österreich mit der kontroversen Diskussion über den „Ständestaat" 1934–1938) ins Bewusstsein gerückt werden kann. Trotz des insgesamt beeindruckenden Bandes und der fundierten historischen Analyse bestehen Problemlagen weiter, welche die politische Gegenwart der Gedenkkultur in Österreich und auch die Zukunft des Burgtors/„Heldendenkmals" weiter vor Fragen stellen dürften. Vier seien knapp skizziert.

1. Zumindest in der westlichen Welt stehen alle Gedenkkulturen seit der zweiten Hälfte des 20. Jh. zunehmend im Banne eines Spannungsverhältnisses zwischen Universalismus einerseits (konzentriert im Trend der Viktimisierung, welcher passive Opfer von Gewalt in den Mittelpunkt rückt) und einem Partikularismus, der sich auf die jeweilige historische Tradition und die politische Dimension der Nation und den Nationalstaat stützt. Manchmal gibt es die Tendenz, diese Spannung als ein Entweder-oder-Verhältnis anzusehen und die Opferzentriertheit besonders zu privilegieren. Ein heroisierendes bzw. sakrifizielles Gedenken, welches das Opfer als aktive Handlung „für" etwas (Nation, politische Werte, Frieden) würdigt, erscheint in Mitteleuropa meist als historisch überholt. Wenn man, wie Österreich und Deutschland, historisch gewachsene, ältere Traditionsformen dieses Gedenkens mit seinen Wurzeln im 19. Jahrhundert aus Gründen einer politisch gebotenen Distanzierung von der nationalsozialistischen Vergangenheit im 20. Jahrhundert ebenfalls ablehnt, entstehen jedoch symbolische, semantische und auch politische Leerstellen. Der im Widerstand gegen den Nationalsozialismus Getöteten soll gedacht werden für ihren „Kampf für Österreichs Freiheit" (seit 1965), den Angehörigen des Bundesheeres, die „in Ausübung des Dienstes ihr Leben gelassen haben" (seit 2015). Ob betont unheroische Wendungen wie „in Ausübung des Dienstes" mittelfristig als hinreichend empfunden werden, etwa für das ehrende Gedenken an die österreichischen Toten bei UN-Friedenseinsätzen (44 ‚Gefallene', gegenüber 17 aus Deutschland), wird sich noch erweisen.

2. Es ist ein Kuriosum, und eigentlich eine Nebensächlichkeit. Frass, der Bildhauer, hatte 1935 in den Kenotaph des „Toten Kriegers" ein von ihm verfasstes Schreiben mit seiner Deutung der Skulptur eingeschmuggelt. Ob dadurch diese Plastik und auch die Krypta insgesamt „nationalsozialistisch kontaminiert" waren, wie Heidemarie Uhl folgert (S. 428), darüber ließe sich diskutieren. Und es wäre zu fragen, warum andere Objekte von Frass, etwa ein metallener Lorbeer-

kranz, im Ehrenmal des Bundesheeres erhalten blieb. Die Künstlerintention
bietet in diesem Fall bloß eine eher verworrene religiös-völkisch-nationalsozia-
listische Einigungsphantasie als Sinn des Kriegstodes der Gefallenen des Ersten
Weltkrieges – und ein anderer beteiligter Bildhauer, Riedel, hatte anscheinend als
Kritik gegen Frass ein Schreiben beigefügt, welches das Lob der „deutschen
Nation" mit pazifistischen Hoffnungen verband. In der Denkmalsforschung hat
es sich bewährt, drei Ebenen analytisch klar zu trennen: Stifterintention, die
ästhetische Eigensprache des Objekts und die Rezeption. Denn sie sind selten
deckungsgleich. Die Darstellung eines liegenden, toten Gefallenen auf dem Kenotaph im „Heldendenkmal" griff die Tradition spätmittelalterlicher Doppel-
grabmäler auf, und z. B. auch Käthe Kollwitz arbeitete lange an einer derartigen
Plastik für ihren im Weltkrieg gefallenen Sohn Peter.

3. Österreichs Verhältnis zum „Anschluss" an das nationalsozialistisches
Deutschland 1938 hat seit 1945 gravierende Wandlungen erfahren. Zuerst do-
minierte die exkulpierende Deutung des Landes als Opfer, dann eine Art Nor-
malisierung, welche einer fraglosen Gedenkkultur an die Gefallenen des Zweiten
Weltkriegs den Weg bereitete, die gleichsam in die Gedenkformen des Ersten
Weltkriegs mit aufgenommen wurden. Das hat sich in den letzten zwei Jahrzehnten erneut umgekehrt. Indem man die Gefallenen beider Weltkriege gewissermaßen aus dem „Heldendenkmal" entfernt hat (die Totenbücher), aber in
der profanierten Krypta noch den Toten des (Ersten) Weltkriegs gedenkt, fügen
sich architektonischer Rahmen der Tradition und politische Sinngebung der
Gegenwart nicht wirklich zusammen. Die Adaptierung von Elementen und
Tendenzen der Gedenkkultur in Deutschland, die sich inzwischen in Österreich
im Bemühen findet, einen adäquaten Umgang mit der eigenen Geschichte als
damaligem Teil des Deutschen Reiches zu finden, hat die österreichische Gedenkkultur in den letzten Jahren zweifellos ‚deutscher' werden lassen. Ob das
jedem so bewusst ist, und ob es auch den signifikanten historischen Unterschieden zwischen „Ständestaat" und NS-Regime und dem erzwungenen, aber
auch von Teilen erwünschten „Anschluss" entspricht – das wird sich noch zeigen. Jedenfalls dürfte der österreichische Partikularismus gerade gegenüber
Deutschland seine Bedeutung nicht verlieren. Das Burgtorensemble bietet sich
jedenfalls exemplarisch an, den Ähnlichkeiten und gerade auch Unterschieden
im politischen Totenkult zwischen Österreich und Deutschland ausführlicher
und systematischer nachzugehen und die Bedingungen der Verschiedenheit
genauer zu analysieren. Auch für die deutsche Seite gibt es dabei viel zu lernen.

4. Der Staat Österreich als Nationalstaat ist aus der Niederlage 1918 geboren
und verdankt seine Existenz nicht zuletzt der Vorgabe des Versailler Vertrags-
werks (konkret Saint-Germain-en-Laye, 10. 9. 1919), welcher die damals von der
Mehrheit der Österreicher (und Deutschen) gewollte Vereinigung untersagte. Als
Neugründung hatte die Republik Österreich ein Traditionsproblem, das in seiner

Schärfe kaum zu überschätzen ist, das auch nicht kompensiert werden konnte durch einen Neugründungsnationalismus, wie er von der Türkei bis Polen vielen anderen jungen Staaten eine Legitimationsressource zur Verfügung stellte. Wenn das Burgtor die Dynastie und die Armee als Integrationsfaktoren des Reiches präsentiert hatte, so standen diese nach 1918 nicht mehr zur Verfügung. Dass das „Heldendenkmal" als Antwort auf das virulente Traditionsdefizit selber auch problematisch, im Sinne von politisch einseitig, war, sollte nicht dazu führen, das umfassendere Traditionsproblem der Republik zu übersehen. Sonst verkennt man das politische Lager übergreifende Bedürfnis nach historischer und politischer Orientierung angesichts des Massensterbens im Krieg und der politischen Identitätskrise, auf welches das „Heldendenkmal" eine, gewiss partikulare, Antwort darstellte. Ob dieser aber nicht vielleicht eine Mehrheit der damaligen Bevölkerung zustimmte, wäre eine interessante Frage.

Gerade weil das komplexe Gesamtensemble von Burgtor und Heldendenkmal inzwischen historisches Objekt und politisches Denkmal der jetzigen Republik gleichermaßen ist, stellt es – noch immer – das „Traditionsproblem" Österreichs auf exemplarische Weise dar. Diese Spannung wird bleiben, als Differenz zwischen historischer Bedeutung und Symbolik einerseits und gegenwärtiger politischer Sinnstiftung andererseits. Diese kann sich nicht auf eine als Kontinuität gedeutete Vergangenheit beziehen, ohne apologetisch zu werden, sie kann sich aber auch nicht nur auf heute privilegierte universelle Werte beziehen, ohne die eigene Geschichte radikal zu reduzieren. Zu fragen bleibt also, wie viel an „schlimmer Vergangenheit" (Christian Meier) gefestigte Demokratien wie Österreich (oder Deutschland) in ihren öffentlichen politischen Räumen aushalten können bzw. sollen? Nicht in affirmativer oder verharmlosender Intention, sondern als Bewahrung der Sichtbarkeit einer Vergangenheit, der man entstammt, die man aber hinter sich gelassen hat? Erinnert sei an Nietzsches Warnung, formuliert im Zeitalter des Historismus, „denn da wir nun einmal die Resultate früherer Geschlechter sind, sind wir auch die Resultate ihrer Verirrungen, Leidenschaften und Irrthümer, ja Verbrechen; es ist nicht möglich, sich ganz von dieser Kette zu lösen. Wenn wir jene Verirrungen verurtheilen und uns ihrer für enthoben erachten, so ist die Thatsache nicht beseitigt, daß wir aus ihnen herstammen."[1] Das „Heldendenkmal" ‚im' historischen wie architektonischen Rahmen des Burgtors repräsentiert diesen spannungsvollen Zusammenhang geradezu paradigmatisch, darin liegt sein Erinnerungswert. Der vorliegende Band ermöglicht eine umfassende Einsicht in die vielfältigen und he-

1 Christian Meier, Das Gebot zu vergessen und die Unabweisbarkeit des Erinnerns. Vom öffentlichen Umgang mit schlimmer Vergangenheit, Berlin 2010; Friedrich Nietzsche, Vom Nutzen und Nachtheil der Historie für das Leben (Sämtliche Werke. Kritische Studienausgabe 1, hg. v. Giorgio Colli/Mazzino Montinari), München 1988, 270.

terogenen Schichten dieses monumentalen „Wunderblocks", darin liegt sein Erkenntniswert.

Manfred Hettling

Autor/innen

Dr. Werner Dreier
Lehrer und Historiker, bis 2021 Leiter von erinnern.at, dem Holocaust Education Institut des österreichischen Bundesministeriums für Bildung, Wissenschaft und Forschung, werner.dreier@vol.at

Mag.ᵃ Dr.ⁱⁿ Lisa Gottschall, BA MA
Kultur- und Sozialanthropologin, Historikerin, Sozialarbeiterin, lisagottschall@mailbox.org

Mag. Dr. phil. Robert Groß
Universität Innsbruck, Institut für Geschichtswissenschaften und Europäische Ethnologie & Universität für Bodenkultur, Institut für Soziale Ökologie, Wien, robert.gross@boku.ac.at

Univ.-Prof. Dr. Manfred Hettling
Institut für Geschichte, Martin-Luther-Universität Halle-Wittenberg, manfred.hettling@geschichte.uni-halle.de

Univ.-Prof. Dr. Ernst Langthaler
Johannes Kepler Universität Linz, Institut für Sozial- und Wirtschaftsgeschichte, ernst.langthaler@jku.at

Univ.-Doz. Dr. Matthias Marschik
Historiker und Kulturforscher, Universitätsdozent, Lektor an den Universitäten Wien, Salzburg und Klagenfurt, https://matthiasmarschik.at, matthias.marschik@univie.ac.at

Mag.ᵃ Michaela Pfundner
Stv. Direktorin von Bildarchiv und Grafiksammlung und Leiterin der Abteilung Bilddokumentation der Österreichischen Nationalbibliothek, Historikerin, Ausstellungskuratorin, michaela.pfundner@onb.ac.at

Dr.ⁱⁿ Katharina Scharf MA
Karl-Franzens-Universität Graz, Institut für Geschichte, Arbeitsbereich Kultur- und Geschlechtergeschichte, katharina.scharf@uni-graz.at

Assoz.-Prof. Dr. Martin Schmid
Universität für Bodenkultur, Institut für Soziale Ökologie, Wien, martin.schmid@boku.ac.at

Zitierregeln

Bei der Einreichung von Manuskripten, über deren Veröffentlichung im Laufe eines doppelt anonymisierten Peer Review Verfahrens entschieden wird, sind unbedingt die Zitierregeln einzuhalten. Unverbindliche Zusendungen von Manuskripten als word-Datei an: agnes.meisinger@univie.ac.at

I.   Allgemeines

Abgabe: elektronisch in Microsoft Word DOC oder DOCX.

Textlänge: 60.000 Zeichen (inklusive Leerzeichen und Fußnoten), Times New Roman, 12 Punkt, $1\frac{1}{2}$-zeilig. Zeichenzahl für Rezensionen 6.000–8.200 Zeichen (inklusive Leerzeichen).

Rechtschreibung: Grundsätzlich gilt die Verwendung der neuen Rechtschreibung mit Ausnahme von Zitaten.

II.   Format und Gliederung

Kapitelüberschriften und – falls gewünscht – Unterkapiteltitel deutlich hervorheben mittels Nummerierung. Kapitel mit römischen Ziffern [I. Literatur], Unterkapitel mit arabischen Ziffern [1.1 Dissertationen] nummerieren, maximal bis in die dritte Ebene untergliedern [1.1.1 Philologische Dissertationen]. Keine Interpunktion am Ende der Gliederungstitel.

Keine Silbentrennung, linksbündig, Flattersatz, keine Leerzeilen zwischen Absätzen, keine Einrückungen; direkte Zitate, die länger als vier Zeilen sind, in einem eigenen Absatz (ohne Einrückung, mit Gänsefüßchen am Beginn und Ende).

Zahlen von null bis zwölf ausschreiben, ab 13 in Ziffern. Tausender mit Interpunktion: 1.000. Wenn runde Zahlen wie zwanzig, hundert oder dreitausend nicht in unmittelbarer Nähe zu anderen Zahlenangaben in einer Textpassage aufscheinen, können diese ausgeschrieben werden.

Daten ausschreiben: „1930er" oder „1960er-Jahre" statt „30er" oder „60er Jahre".

Datumsangaben: In den Fußnoten: 4.3.2011 [keine Leerzeichen nach den Punkten, auch nicht 04.03.2011 oder 4. März 2011]; im Text das Monat ausschreiben [4. März 2011].

Personennamen im Fließtext bei der Erstnennung immer mit Vor- und Nachnamen.

Namen von Organisationen im Fließtext: Wenn eindeutig erkennbar ist, dass eine Organisation, Vereinigung o. Ä. vorliegt, können die Anführungszeichen weggelassen werden: „Die Gründung des Öesterreichischen Alpenvereins erfolgte 1862." „Als Mitglied im

Womens Alpine Club war ihr die Teilnahme gestattet." **Namen von Zeitungen/Zeit-schriften** etc. siehe unter „Anführungszeichen".

Anführungszeichen im Fall von Zitaten, Hervorhebungen und bei Erwähnung von Zeitungen/Zeitschriften, Werken und Veranstaltungstiteln im Fließtext immer doppelt: „"

Einfache Anführungszeichen nur im Fall eines Zitats im Zitat: „Er sagte zu mir: ‚…'"

Klammern: Gebrauchen Sie bitte generell runde Klammern, außer in Zitaten für Auslassungen: […] und Anmerkungen: [Anm. d. A.].

Formulieren Sie **bitte geschlechtsneutral bzw. geschlechtergerecht.** Verwenden Sie im ersteren Fall bei Substantiven das Binnen-I („ZeitzeugInnen"), nicht jedoch in Komposita („Bürgerversammlung" statt „BürgerInnenversammlung").

Darstellungen und Fotos als eigene Datei im jpg-Format (mind. 300 dpi) einsenden. Bilder werden schwarz-weiß abgedruckt; die Rechte an den abgedruckten Bildern sind vom Autor/von der Autorin einzuholen. Bildunterschriften bitte kenntlich machen: Abb.: Spanische Reiter auf der Ringstraße (Quelle: Bildarchiv, ÖNB).

Abkürzungen: Bitte Leerzeichen einfügen: vor % oder €/zum Beispiel z. B./unter anderem u. a.

Im Text sind möglichst wenige allgemeine Abkürzungen zu verwenden.

III.   Zitation

Generell keine Zitation im Fließtext, auch keine Kurzverweise. Fußnoten immer mit einem Punkt abschließen.

Die nachfolgenden Hinweise beziehen sich auf das Erstzitat von Publikationen.
Bei weiteren Erwähnungen sind Kurzzitate zu verwenden.
- Wird hintereinander aus demselben Werk zitiert, bitte den Verweis **Ebd./ebd.** bzw. mit anderer Seitenangabe **Ebd., 12./ebd., 12.** gebrauchen (kein Ders./Dies.), analog: Vgl. ebd.; vgl. ebd., 12.
- Zwei Belege in einer Fußnote mit einem **Strichpunkt**; trennen: Gehmacher, Jugend, 311; Dreidemy, Kanzlerschaft, 29.
- Bei Übernahme von direkten Zitaten aus der Fachliteratur **Zit. n./zit. n.** verwenden.
- Indirekte Zitate werden durch **Vgl./vgl.** gekennzeichnet.

Monografien: Vorname und Nachname, Titel, Ort und Jahr, Seitenangabe [ohne „S."].

Beispiel Erstzitat: Johanna Gehmacher, Jugend ohne Zukunft. Hitler-Jugend und Bund Deutscher Mädel in Österreich vor 1938, Wien 1994, 311.

Beispiel Kurzzitat: Gehmacher, Jugend, 311.
Bei mehreren AutorInnen/HerausgeberInnen: Dachs/Gerlich/Müller (Hg.), Politiker, 14.

Reihentitel: Claudia Hoerschelmann, Exilland Schweiz. Lebensbedingungen und Schicksale österreichischer Flüchtlinge 1938 bis 1945 (Veröffentlichungen des Ludwig-

Boltzmann-Institutes für Geschichte und Gesellschaft 27), Innsbruck/Wien [bei mehreren Ortsangaben Schrägstrich ohne Leerzeichen] 1997, 45.

Dissertation: Thomas Angerer, Frankreich und die Österreichfrage. Historische Grundlagen und Leitlinien 1945–1955, phil. Diss., Universität Wien 1996, 18–21 [keine ff. und f. für Seitenangaben, von–bis mit Gedankenstich ohne Leerzeichen].

Diplomarbeit: Lucile Dreidemy, Die Kanzlerschaft Engelbert Dollfuß' 1932–1934, Dipl. Arb., Université de Strasbourg 2007, 29.

Ohne AutorIn, nur HerausgeberIn: Beiträge zur Geschichte und Vorgeschichte der Julirevolte, hg. im Selbstverlag des Bundeskommissariates für Heimatdienst, Wien 1934, 13.

Unveröffentlichtes Manuskript: Günter Bischof, Lost Momentum. The Militarization of the Cold War and the Demise of Austrian Treaty Negotiations, 1950–1952 (unveröffentlichtes Manuskript), 54–55. Kopie im Besitz des Verfassers.

Quellenbände: Foreign Relations of the United States, 1941, vol. II, hg. v. United States Department of States, Washington 1958.
[nach Erstzitation mit der gängigen Abkürzung: FRUS fortfahren].

Sammelwerke: Herbert Dachs/Peter Gerlich/Wolfgang C. Müller (Hg.), Die Politiker. Karrieren und Wirken bedeutender Repräsentanten der Zweiten Republik, Wien 1995.

Beitrag in Sammelwerken: Michael Gehler, Die österreichische Außenpolitik unter der Alleinregierung Josef Klaus 1966–1970, in: Robert Kriechbaumer/Franz Schausberger/Hubert Weinberger (Hg.), Die Transformation der österreichischen Gesellschaft und die Alleinregierung Klaus (Veröffentlichung der Dr.-Wilfried Haslauer-Bibliothek, Forschungsinstitut für politisch-historische Studien 1), Salzburg 1995, 251–271, 255–257.
[bei Beiträgen grundsätzlich immer die Gesamtseitenangabe zuerst, dann die spezifisch zitierten Seiten].

Beiträge in Zeitschriften: Florian Weiß, Die schwierige Balance. Österreich und die Anfänge der westeuropäischen Integration 1947–1957, in: Vierteljahrshefte für Zeitgeschichte 42 (1994) 1, 71–94.
[Zeitschrift Jahrgang/Bandangabe ohne Beistrichtrennung und die Angabe der Heftnummer oder der Folge hinter die Klammer ohne Komma].

Presseartikel: Titel des Artikels, Zeitung, Datum, Seite.
Der Ständestaat in Diskussion, Wiener Zeitung, 5.9.1946, 2.

Archivalien: Bericht der Österr. Delegation bei der Hohen Behörde der EGKS, Zl. 2/pol/57, Fritz Kolb an Leopold Figl, 19.2.1957. Österreichisches Staatsarchiv (ÖStA), Archiv der Republik (AdR), Bundeskanzleramt (BKA)/AA, II-pol, International 2 c, Zl. 217.301-pol/57 (GZl. 215.155-pol/57); Major General Coleman an Kirkpatrick, 27.6.1953. The National Archives (TNA), Public Record Office (PRO), Foreign Office (FO) 371/103845, CS 1016/205 [prinzipiell zuerst das Dokument mit möglichst genauer Bezeichnung, dann das Archiv, mit Unterarchiven, -verzeichnissen und Beständen; bei weiterer Nennung der Archive bzw. Unterarchive können die Abkürzungen verwendet werden].

Internetquellen: Autor so vorhanden, Titel des Beitrags, Institution, URL: (abgerufen Datum). Bitte mit rechter Maustaste den Hyperlink entfernen, so dass der Link nicht mehr blau unterstrichen ist.

Yehuda Bauer, How vast was the crime, Yad Vashem, URL: http://www1.yadvashem.org/yv/en/holocaust/about/index.asp (abgerufen 28.2.2011).

Film: Vorname und Nachname des Regisseurs, Vollständiger Titel, Format [z.B. 8 mm, VHS, DVD], Spieldauer [Film ohne Extras in Minuten], Produktionsort/-land Jahr, Zeit [Minutenangabe der zitierten Passage].

Luis Buñuel, Belle de jour, DVD, 96 min., Barcelona 2001, 26:00–26:10 min.

Interview: InterviewpartnerIn, InterviewerIn, Datum des Interviews, Provenienz der Aufzeichnung.

Interview mit Paul Broda, geführt von Maria Wirth, 26.10.2014, Aufnahme bei der Autorin.

Die englischsprachigen Zitierregeln sind online verfügbar unter: https://www.verein-zeit geschichte.univie.ac.at/fileadmin/user_upload/p_verein_zeitgeschichte/zg_Zitierregeln_engl_2018.pdf

Es können nur jene eingesandten Aufsätze Berücksichtigung finden, die sich an die Zitierregeln halten!